国家林业局职业教育"十三五"规划教材
高等职业院校"十三五"校企合作开发系列教材

林业地理信息技术

范晓龙　主编

中国林业出版社

内容简介

本书结合林业生产的特点，按照"项目导向、任务驱动"的原则，以项目为载体，将教学内容分为 ArcGIS10.2 基础操作、林业空间数据采集与编辑、林业专题地图制图、林业空间数据分析等 4 个项目。书中配有大量的实例并给出了详细地操作步骤，实例均以山西林业职业技术学院东山实验林场为例，随书光盘中包含所有实例的数据，供参考使用。本书强调新颖性、实用性、技巧性、全面性和实战性，注重理论与实践的结合，既可作为林业技术专业、林业信息技术与管理专业人员的指导书，也可作为其他专业人员的工具书，也可供林业短期培训班选用，也可供林业基层工作人员自学或参考用书。

图书在版编目（CIP）数据

林业地理信息技术／范晓龙主编． —北京：中国林业出版社，2016.7（2024.7重印）
国家林业局职业教育"十三五"规划教材　高等职业院校"十三五"校企合作开发系列教材
ISBN 978-7-5038-8592-1

Ⅰ．①林…　Ⅱ．①范…　Ⅲ．①地理信息系统－应用－林业－高等职业教育－教材　Ⅳ．①S717

中国版本图书馆 CIP 数据核字（2016）第 140598 号

中国林业出版社·教育出版分社

策　划：肖基浒　高红岩　杨长峰　　　责任编辑：肖基浒
电　话：（010）83143555　　　　　　　传　真：（010）83143516
E-mail：jiaocaipublic@163.com

出版发行	中国林业出版社（100009　北京市西城区德内大街刘海胡同 7 号） 电话：（010）83143500 https://www.ofph.net
经　销	新华书店
印　刷	三河市祥达印刷包装有限公司
版　次	2016 年 7 月第 1 版
印　次	2024 年 7 月第 4 次印刷
开　本	787mm×1092mm　1/16
印　张	14.25
字　数	356 千字
定　价	42.00 元（赠光盘）

未经许可，不得以任何方式复制或抄袭本书之部分或全部内容。
版权所有　侵权必究

校企合作开发系列教材编写指导委员会

主　任：宋河山
副主任：刘　和　王世昌
编　委：（按姓氏笔画排序）
　　　　于　蓉　王军军　冯晓中　吉国强
　　　　杜庆先　李保平　张先平　张金荣
　　　　张晓玲　张爱华　罗云龙　赵立曦
　　　　赵　鑫　段鹏慧　宿炳林

本书编写人员

主　编：范晓龙
副主编：马国强
编　者：（按姓氏笔画排序）
　　　　马国强　山西林业职业技术学院
　　　　王　黎　山西林业调查规划院
　　　　王云霞　山西林业调查规划院
　　　　李云平　山西林业职业技术学院
　　　　李晓迪　山西林业职业技术学院
　　　　范晓龙　山西林业职业技术学院
　　　　郝少英　山西林业调查规划院
主　审：韩建平　山西林业调查规划院

序

随着我国经济社会的不断发展和生态文明建设的持续推进,对林业教育、尤其是林业职业教育提出了新的、更高的要求。不断明晰林业职业教育的任务,切实采取措施,提升自身的教育质量和水平,成为每一所林业职业院校的历史担当。

山西林业职业技术学院作为山西省唯一的林业类高等职业院校,肩负着培养高素质林业技术技能人才的重任。办学64年以来,学院全面贯彻党的教育方针,坚持以立德树人为根本,以服务发展为宗旨,以促进就业为导向,通过"强内重外"建设生产性实训基地,积极探索产教融合、校企协同育人的办学道路,实施"工学结合"人才培养模式,以"项目导向、任务驱动"作为教学模式改革的着眼点,构建了以培养专业技术应用能力为主线的人才培养方案,使学校培养目标与社会行业需求对接,增强了高素质技术技能人才培养的针对性和适应性,凸显了鲜明的办学特色。

在教材建设方面,学院大力开发校企合作教材,在校企双方全方位深度合作的基础上,学院专业教师和企业技术人员共同修订人才培养方案、制订课程标准,共同确定教材开发计划,进行教材内容的选定和编写,并对教材进行评价和完善。这种校企共同开发的教材在适应职业岗位变化、提高学生职业能力方面都有着重要的作用。

本次出版的《林业地理信息技术》《林业工程监理实务》《园林工程测量》《现代园林制图》《园林绿地景观规划设计》《旅行社运行操作实务》《生态饭店运行与管理实务》《旅游景区动物观赏》《森林旅游景区服务与管理》《旅游市场营销》均是林业技术、园林工程、森林生态旅游专业的专业核心课程教材。其主要特点:一是教材与职业岗位需求实现及时有效地对接,实用性更强。二是教材兼顾高职院校日常教学和企业员工培训两方面的需求,使用面更广。三是教材采用"项目导向、任务驱动"的编写体例,更有利于高职专业教学的实施。四是教材项目、任务由教师和企业技术人员共同设置,更有利于学生职业能力的培养。

相信,本系列教材的出版,会对林业高等职业教育教学质量提升产生积极的作用。当然,限于编者水平,本系列教材的缺点和不足在所难免,恳请批评指正。

编委会

2016 年 6 月

前言

地理信息技术属于新技术、新方法，在林业生产中无论是常规的森林资源调查、森林资源经营管理、森林营造和森林管护，还是目前林业生态环境工程建设项目，如退耕还林工程、天然林保护工程、三北防护林建设工程等均用到地理信息技术。因此，在高职院校林业类专业开设《林业地理信息技术》课程非常必要。

通过课程的学习，让学生掌握 GIS（地理信息系统）基础理论知识，学会 ArcGIS10.2 等相关软件的使用，具备使用这些软件进行数据库创建，简单的矢量数据和栅格数据处理，建立空间分析和三维立体动画的技能，为林业生产服务。

目前，市场上有不少有关地理信息系统应用与技术等方面书籍，但是大多数针对本科教育，理论偏多，实践操作（特别是软件操作）较少，不适合高职学生采用；另外，书籍中使用的案例都不是林业方面的，针对性不强。

本教材体例新（项目任务式），内容新（新技术、新软件使用），少理论、多实践、多操作，便于教师讲授学生学习。

本教材由范晓龙主编，具体的编写分工如下：范晓龙撰写项目2的任务3、项目4及全书统稿；马国强撰写项目3；李云平撰写项目1的任务1；李晓迪撰写项目1的任务2；王黎撰写项目2的任务1；王云霞撰写项目2的任务2；郝少英撰写项目2的任务4。最后由山西林业调查规划院高级工程师韩建平主审，在此致以诚致感谢。

尽管本书已有30余万字，但要全面阐述林业地理信息技术的各种操作，显然还是不够多。大家在学习过程中应多加思考，领会每一步操作的深层含义。在根据本书给出的参数获得操作结果后，可以尝试用不同的参数设置进行反复练习，对比、分析相应的运行结果，这对于综合应用和深度掌握林业信息技术是大有裨益的。

虽然本书编写几易其稿，但由于编者水平有限，错误与不妥之处在所难免，敬请读者批评指正！

编　者
2016年4月

目录

序
前言

项目 1　ArcGIS Desktop 应用基础　　1
　　任务 1　认识 GIS ………………………………………………………… 2
　　任务 2　ArcGIS 应用基础 ……………………………………………… 8

项目 2　林业空间数据采集与编辑　　37
　　任务 1　林业空间数据采集 …………………………………………… 38
　　任务 2　林业空间数据库的创建 ……………………………………… 49
　　任务 3　林业空间数据编辑 …………………………………………… 69
　　任务 4　林业空间数据拓扑处理 ……………………………………… 100

项目 3　林业专题地图制图　　115
　　任务 1　林业空间数据符号化 ………………………………………… 116
　　任务 2　林业专题地图制图与输出 …………………………………… 139

项目 4　林业空间数据分析　　159
　　任务 1　矢量数据的空间分析 ………………………………………… 160
　　任务 2　栅格数据的空间分析 ………………………………………… 175
　　任务 3　ArcScene 三维可视化 ………………………………………… 199

项目1　ArcGIS Desktop 应用基础

本学习项目是一个基础实训项目，ArcGIS Desktop 是一个集成了众多高级 GIS 应用的软件套件，其中 ArcMap、ArcCatalog、ArcToolbox 这三个应用程序是用户应用 ArcGIS Desktop 软件的基础，ArcMap 提供数据的显示、查询和分析，ArcCatalog 提供空间和非空间的数据管理、创建和组织，ArcToolbox 提供空间数据的分析与处理。通过本项目"认识 GIS"和"ArcGIS 应用基础"两个任务的学习和训练，要求同学们能够熟练掌握三个程序的窗口组成以及基本使用方法。

知识目标

(1) 了解 GIS 的概念及其组成。
(2) 了解 GIS 在林业生产中的应用。
(3) 掌握 ArcMap 的窗口功能及使用方法。
(4) 掌握 ArcCatalog 的窗口功能及使用方法。
(5) 掌握 ArcToolbox 的使用方法。

技能目标

(1) 能熟练运用 ArcMap，ArcCatalog，ArcToolbox。
(2) 掌握超链接的两种设置。
(3) 掌握地理数据库的创建。
(4) 掌握 GIS 两种基本查询操作。

任务1　认识 GIS

☞ **任务描述**　GIS 作为获取、处理、管理和分析地理空间数据的重要工具、技术和学科，近年来得到了广泛关注和迅猛发展。本任务将从 GIS 的概念、组成、在行业中的应用以及 ArcGIS10.2 软件的产品构成等方面来认识 GIS。

☞ **任务目标**　经过学习和训练，掌握地理信息系统的概念、组成以及 GIS 在林业生产中的应用，了解 ArcGIS10.2 软件的产品构成，为下一步软件的学习奠定基础。

知识链接

1.1.1　GIS 概念、组成及功能

1.1.1.1　GIS 概念

地理信息系统（GIS）是一门集计算机科学、信息学、地理学等多门学科为一体的新兴学科，它是在计算机软件和硬件支持下，对整个或部分地球表层的各类空间数据及属性数据进行采集、储存、管理、运算、分析、显示和描述的技术系统。

地理信息系统处理、管理的对象是多种地理空间实体数据及其关系，包括空间定位数据、图形数据、遥感图像数据、属性数据等，用于分析和处理在一定地理区域内分布的各种现象和过程，解决复杂的规划、决策和管理问题。

1.1.1.2　GIS 组成

典型的 GIS 应包括 4 个基本部分：计算机硬件系统、计算机软件系统、地理空间数据库和系统管理应用人员。

(1) 计算机硬件系统

该系统是 GIS 的重要系统之一。它包括主机和输入输出设备。主机部分不多赘述，输入输出设备包括扫描仪、测绘仪器、绘图仪、数字化仪、解析测图仪、存储盘、打印机等。

(2) 计算机软件系统

该系统也是 GIS 的重要系统。它包括计算机系统软件、地理信息系统软件和其他支持程序。地理信息系统软件一般由以下五个基本的技术模块组成，即数据输入和检查、数据存储和数据库管理、数据处理和分析、数据传输与显示、用户界面等。

(3) 地理信息系统的空间数据库

该系统是 GIS 应用的基础。地理信息系统的地理数据分为图形数据和属性数据。数据表达可以采用矢量和栅格两种形式，图形数据表现了地理空间实体的位置、大小、形状、方向以及拓扑关系，属性数据是对地理空间实体性质或数量的描述。空间数据库系统由数

据库实体和空间数据库管理系统组成。

(4) 系统管理应用人员

该系统是 GIS 应用成功的关键。计算机软硬件和数据不能构成完整的地理信息系统，需要人进行系统组织、管理、维护、数据更新、系统完善扩充、应用程序开发，并灵活采用地理分析模型提取多种信息，为研究和决策服务。

1.1.1.3 GIS 功能

地理信息系统的核心问题可归纳为五个方面的内容：位置、条件、变化趋势、模式和模型，依据这些问题，可以把 GIS 的功能分为以下几个方面：

(1) 数据的采集、检验与编辑

主要用于获取数据，保证地理信息系统数据库中的数据在内容与空间上的完整性、数值逻辑一致性与正确性等，将所需的各种数据通过一定的数据模型和数据结构输入并转换成计算机所要求的格式进行存储。目前可用于地理信息系统数据采集的方法与技术很多，其中自动化扫描输入与遥感数据集是人们最为关注的方法。扫描技术的应用与改进，实现扫描数据的自动化编辑与处理仍是地理信息系统数据获取研究的主要技术关键。

(2) 数据处理

地理信息系统有自身的数据结构，同时也要与其他系统的数据格式相兼容，这就存在不同数据结构之间的数据格式的转换问题。GIS 内部也有矢量和栅格数据相互转换的问题。初步的数据处理主要包括数据格式化、转换、概括。数据的格式化是指不同数据结构的数据间变换，是一种耗时、易错、需要大量计算的工作，应尽可能避免；数据转换包括数据格式转化、数据比例尺的变化等。在数据格式的转换方式上，矢量到栅格的转换要比其逆运算快速、简单。数据比例尺的变换涉及数据比例尺缩放、平移、旋转等方面，其中最为重要的是投影变换。

(3) 空间数据库的管理

这是组织 GIS 项目的基础，涉及空间数据(图形图像数据)和属性数据。栅格模型、矢量模型或栅格/矢量混合模型是常用的空间组织方法。空间数据结构的选择在一定程度上决定了系统所能执行的数据与分析的功能；在地理数据组织与管理中，最为关键的是如何将空间数据与属性数据融合为一体。目前大多数系统都是将二者分开存储，通过公共项(一般定义为地物标识码)来连接。这种组织方式的缺点是数据的定义与数据操作相分离，无法有效记录地物在时间域上的变化属性。

(4) 基本空间分析

基本空间分析是 GIS 的核心功能，也是 GIS 与其他计算机软件的根本区别。包括图层空间变换、再分类、叠加、邻域分析、网络分析等。

(5) 应用模型的构建方法

GIS 除了提供基本空间分析功能外，还应提供构建专业模型的手段，如二次开发工具、相关控件或数据库接口等。

(6) 结果显示与输出

GIS 的处理分析结果需要输出给用户，输出数据的种类很多，可能有地图、表格、文字、图像等。一个好的 GIS 应能提供一种良好的、交互式的制图环境，以供 GIS 的使用者能够设计和制作出高品质的地图。

1.1.2　GIS在林业生产中的应用

由于林业自身有诸如森林生长的长期性、森林资源分布的地域辽阔性、森林资源的再生性、森林成熟的不确定性等特点。用传统的手段来管理和展现森林资源信息并以此来指导林业生产已日益暴露其弊端。因此，采用新技术（如GIS技术）使特定区域内林业经营管理进入到数字化、集成化、智能化、网络化已成为必然趋势，为林业的可持续发展提供技术支撑，为林业现代化建设提供新的管理手段。

GIS的应用从根本上改变了传统的森林资源信息管理的方式，成为现代林业经营管理的崭新工具。近年来，GIS技术在林业领域的应用非常活跃和普及，国内外林业工作者广泛应用GIS进行森林资源信息管理、森林分类经营区划、林业专题制图、营造林规划设计、森林保护、森林防火、林权管理等诸多方面。

(1) 在森林资源管理与动态监测上的应用

用GIS的数字地形模型（DTM），地面模型，坡位、坡面模型可表现资源的水平分布和垂直分布，利用栅格数据的融合、再分类和矢量图的叠加、区域和邻域分析等操作，产生各种地图显示和地理信息，用于分析林分、树种、林种、蓄积等因子的空间分布。使用这些技术，研究各树种在一定范围内的空间分布现状与形式，根据不同地理位置、立地条件、林种、树种、交通状况对现有资源实行全面规划，优化结构，确定空间利用能力，提高森林的商品价值。各地市县、各林场森林面积，森林蓄积，森林类型，林种分布，树种结构，林龄结构及变动情况等，过去只能从森林资源档案数据库中了解情况，应用地理信息系统可以做到图上动态管理和监测，从而可以做到更真实、更直观地把握森林资源的状况及变化。

(2) 在森林分类经营管理上的应用

利用地理信息系统，可以做到以林班、林场、县市、地区及全省为单位的森林分类经营管理，能够做到分类更为科学、更为客观，为各级领导及林业管理部门、生产部门提供可操作的森林分类经营方案及科学依据。

(3) 在编制各类林业专题图上的应用

地理信息系统在林业制图上的应用具有强大的生命力。以往我国通过"二类调查"获取森林资源数据，建立小班档案及绘制林相图等林业用图。这些工作要花费大量的时间、人力和财力，并且图面材料和小班数据库资料是分离的，难以长期有效地重复利用。GIS强大的空间数据分析和制图功能简化了林业专题图的制作过程，经过收集整理制图信息，经数字化处理，建立坐标投影和拓扑关系，做编辑修改，建立图形与属性的关联，最终完成多种林业专题图的编制，达到一次投入、多次产出的效果。它不仅可以为用户输出全要素森林资源信息图，而且可以根据用户需要分层输出各种专题图（如林相图、土壤图、森林立地类型图、植被分布图等）。这在林业生产实践中已有广泛应用。

(4) 抚育间伐、速生丰产林培育及更新造林管理

利用GIS强大的数据库和模型库功能，检索提取符合抚育间伐的小班，制作抚育间伐图并进行GIS的空间地理信息和林分状况数据结合，依据模型提供林分状况数据如生产力、蓄积等值区划和相关数据，据此可按林分生产力进行基地建设。GIS可通过分析提供森林立地类型图表，宜林地数据图表，适生优势树种和林种资料，运用坡位、坡面分析，按坡度、坡向划分的地貌类型结合立地类型选择造林树种和规划林种,指导科学造林。

(5) 在森林病虫害管理上的应用

森林病虫害是林业生产中极具破坏性的生物自然灾害,它们的发生和影响总是与一定的地理空间相关。因此需要对调查所获的病虫害发生及生态因子等数据进行分析和管理,以便对林业病虫害的控制管理活动作出正确的决策。利用 GIS 结合生物地理统计学可以进行害虫空间分布和空间相关分析,对害虫发生动态的时空进行模拟并作大尺度数据库的管理。

(6) 在森林防火上的应用

森林火灾是林业生产的重大灾害之一,及时的火险预警在林业生产中具有十分重大的意义。随着现代计算机网络和"3S"等技术的不断发展,使用范围的日趋广泛,使森林防火的方法和所采用的技术手段也发生了深刻变化。用 GIS 技术进行林区信息管理,防火点建设规划,提供林火扑救辅助决策,较大程度提高了灭火的效率,减少经济损失,同时能够比较准确地评估由火灾造成的经济损失。

(7) 在林权管理上的应用

权属分国家、集体、个人三种形式,不同权属的森林实行"谁管谁有"的原则,大部分权属明确,产权清晰,界线分明,标志明显,山地林权与实地、图面相符,少数地方界线难以确定,可用邻域分析暂定未定界区域,从而减少或避免各种林权纠纷。

(8) 林业地理信息系统的建立

基于 GIS 强大的空间分析功能和在林业上的良好应用前景,各种应用型林业地理信息系统纷纷涌现。这些林业 GIS 以林场或县为单位,通过把各种林业图表和自然地理数据数字化输入计算机后,应用通用的 GIS 平台或采用组件开发技术,使林业资源信息的输入、存储、显示、处理、查询、分析和应用等功能得以实现,通过空间信息与属性信息的结合为林业生产的科学规划及管理,林业资源属性数据和空间数据的管理及信息发布,项目评估,工程规划与实施、检查验收和辅助决策的制定提供了服务。如四川省宜宾市建立的林业管理信息系统,可提供强大的林业专题管埋集成扩展功能,为天然林保护工程管理、退耕还林工程管理、森林防火管理、森林病虫害管理、造林规划设计、林分经营管理、林业分类经营、野生动物栖息地调查与变化监测等提供了一体化解决方案,体现了 GIS 技术在市(地、州)、县(区)、乡(镇)三级林业管理上的综合应用。

1.1.3　ArcGIS10.2 软件简介

ArcGIS10.2 是美国 ESRI 公司在 2013 年开发推出的一套完整的 GIS 平台产品,具有强大的地图制作、空间数据管理、空间分析、空间信息整合、发布与共享的能力。它全面整合了 GIS 与数据库、软件工程、人工智能、网络技术、移动技术、云技术及其他多方面的计算机主流技术,旨在为用户提供一套完整的、开放的企业级 GIS 解决方案,是目前最流行的地理信息系统平台软件。

1.1.3.1　ArcGIS10.2 产品构成

ArcGIS10.2 作为一个可伸缩的地理信息系统平台,它的主要产品由 ArcGIS 桌面平台(ArcGIS for Desktop)、ArcGIS 服务器平台(ArcGIS for Server)、ArcGIS 移动平台(ArcGIS Mobile)、ArcGIS 云平台(ArcGIS Online)和 ArcGIS 开发平台(ArcGIS Runtime)等构成。

(1) ArcGIS for Desktop

ArcGIS for Desktop 是为 GIS 专业人士提供的用于信息制作和使用的工具。利用 ArcGIS for Desktop，可以实现任何从简单到复杂的 GIS 任务。ArcGIS for Desktop 包括了高级的地理分析和处理能力、提供强大的编辑工具，完整的地图生产过程，以及无限的数据和地图分享体验。ArcGIS for Desktop 根据用户的伸缩性需求，可作为三个独立的软件产品进行购买，每个产品提供不同层次的功能水平，如图 1-1 所示。

ArcGIS for Desktop 是一个系列软件套件，它包含了一套带有用户界面的 Windows 桌面应用：ArcMap、ArcCatalog、ArcGlobe、ArcScene、ArcToolbox 和 ModelBuilder，每一个应用都具有丰富的 GIS 工具。

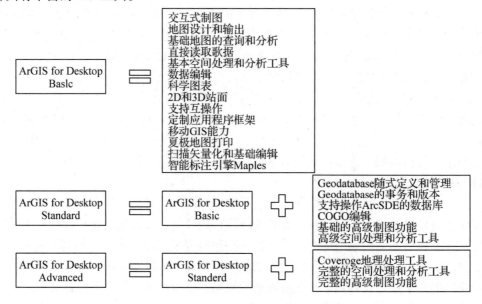

图 1-1　ArcGIS10.2 软件级别及功能

● ArcGIS for Desktop 基础版：提供了综合性的数据使用、制图、分析，以及简单的数据编辑和空间处理工具。

● ArcGIS for Desktop 标准版：在 ArcGIS for Desktop 基础版的功能基础上，增加了对 Shapefile 和 GeoDatabase 的高级编辑和管理功能。

● ArcGIS for Desktop 高级版：是一个旗舰式的 GIS 桌面产品，在 ArcGIS for Desktop 标准版的基础上，扩展了复杂的 GIS 分析功能和丰富的空间处理工具。

①ArcMap　ArcMap 是 ArcGIS for Desktop 中一个主要的应用程序，承担所有制图和编辑任务，也包括基于地图的查询和分析功能。对 ArcGIS for Desktop 来说，地图设计是依靠 ArcMap 完成的。

②ArcCatalog　ArcCatalog 应用程序帮助用户组织和管理所有的 GIS 信息，比如地图、数据文件、GeoDatabase、空间处理工具箱、元数据、服务等。用户可以使用 ArcCatalog 来组织、查找和使用 GIS 数据，同时也可以利用基于标准的元数据来描述数据。GIS 数据库管理员使用 ArcCatalog 来定义和建立 GeoDatabase。GIS 服务器管理员则使用 ArcCatalog 来管理 GIS 服务器框架。

③ArcGlobe　ArcGlobe 是 ArcGIS for Desktop 中实现 3D 可视化和 3D 空间分析的应用程序之一，需要配备 3D 分析扩展模块。ArcGlobe 提供了全球地理信息连续、多分辨率的交互式浏览功能，支持海量数据的快速浏览。像 ArcMap 一样，ArcGlobe 也是使用 GIS 数据层来组织数据，显示 GeoDatabase 和所有支持的 GIS 数据格式中的信息。ArcGlobe 具有地理信息的动态 3D 视图。

④ArcScene　ArcScene 是 ArcGIS for Desktop 中实现 3D 可视化和 3D 空间分析的应用程序，需要配备 3D 分析扩展模块。它是一个适合于展示三维透视场景的平台，可以在三维场景中漫游并与三维矢量与栅格数据进行交互，适用于小场景的 3D 分析和显示。ArcScene 基于 OpenGL，支持 TIN 数据显示。显示场景时，ArcScene 会将所有数据加载到场景中，矢量数据以矢量形式显示。

（2）ArcGIS for Server

ArcGIS for Server 是基于 SOA 架构的 GIS 服务器，通过它可以跨企业或跨互联网以服务形式共享二、三维地图、地址定位器、空间数据库和地理处理工具等 GIS 资源，并允许多种客户端（如 Web 端、移动端、桌面端等）使用这些资源创建 GIS 应用。另外，ArcGIS for Server 是用户构建云 GIS 系统的首选，目前已在 Amazon 上建设了可落地的公有云 ArcGIS Online，ArcGIS for Server 为私有云的落地也提供了解决方案。

（3）ArcGIS Mobile

从产品的功能划分，Esri 为用户提供的移动端应用产品包括：ArcGIS for Smartphones and Tablets、ArcGIS for Windows Mobile、ArcPad。其中 ArcPad 是一款集成了高级的 GIS/GPS 编辑功能的、专业的移动制图软件，在推出的过去 13 年中，已经被许多企业成功地应用，支持在线同步，集成了测距仪和高精度 GPS，提供了外业测量的数据精度。

（4）ArcGIS Online

ArcGIS Online 是 Esri 建设的公有云，也是第一个云 GIS 平台。它是基于云的完整的协作式内容管理系统，组织可利用它在安全的可配置环境中管理其地理信息。我们可以通过 PC、移动设备等能连接网络的设备访问 ArcGIS Online（http：//www.arcgis.com/home/index.html）。ArcGIS Online 被用来分享和传播以网络制图和 GIS 服务为代表的地理信息，专业 GIS 人士通过 ArcGIS for Desktop 或者 ArcGIS for Server 创建地图和其他的 GIS 服务同时分享资源，比如网络地图、影像服务、GP 服务等，这些资源一旦被发布就可以被其他的网络用户发现和使用。通过这种方法，即使是非专业人士，也可以方便地得到组织内的 GIS 信息资源，使得整个组织内的资源整合更加的容易。

（5）ArcGIS Runtime

ArcGIS Runtime 作为新一代的轻量开发产品，它提供多种 API，可以使用 C#、C++、Objective-C、Java 进行开发，并可在 Windows（32 位和 64 位）上和 Linux（64 位）平台上运行。ArcGIS Runtime 采用了全新的架构，而这种架构与 Web APIs 开发所使用的架构类似，在 ArcGIS Runtime 中，一切资源都可以看做是服务，不管是本地的资源还是 Online 或者 ArcGIS for Server 上的资源，这种架构也开启了 ArcGIS 桌面开发应用的新模式。ArcGIS Runtime 开发简单，几乎不需要成本，按照帮助的例子稍加修改即可搭建自己的应用，减少开发成本及开发周期。

任务 2　ArcGIS 应用基础

☞ **任务描述**　任何软件的学习都是从简单、基础的操作开始，ArcGIS 软件的学习也不例外。ArcMap、ArcCatalog、ArcToolBox 是 ArcGIS 较常用的三个应用程序。其中 ArcMap 是一个可用于数据输入、编辑、查询、分析等功能的应用程序，具有基于地图的所有功能，实现如地图制图、地图编辑、地图分析等功能；ArcCatalog 是地理数据的资源管理器，用户通过 ArcCatalog 来组织、管理和创建 GIS 数据；ArcToolBox 包含了 ArcGIS 地理处理的大部分分析工具和数据管理工具。本任务将从程序的启动与关闭、窗口组成、快捷菜单以及基本操作等方面学习 ArcMap、ArcCatalog 和 ArcToolbox。

☞ **任务目标**　经过学习和训练，能够熟练运用 ArcMap 软件对现有地理数据进行数据的添加、删除，图形的放大、缩小、空间数据与属性数据的互查等操作；能够熟练运用 ArcCatalog 软件对现有地理数据进行浏览和管理，创建和管理空间数据库，创建图层文件等操作；能够熟悉 ArcToolbox 工具箱中常用的工具，能够创建个人工具箱，为下一步的学习奠定基础。

知识链接

ArcMap 是地理信息系统中重要的桌面操作系统和制图工具，是 ArcGIS 软件的核心模块，它主要用于完成数据的输入、编辑、查询、分析等操作。ArcCatalog 是以数据管理为核心，是 ArcGIS 桌面软件的核心模块，它主要用于定位、浏览和管理空间数据，创建和管理空间数据库，创建图层文件等操作。ArcToolbox，顾名思义就是工具箱，它提供了极其丰富的地理数据处理工具。涵盖数据管理、数据转换、矢量数据分析、栅格数据分析、统计分析等多方面的功能。

1.2.1　ArcMap 启动与保存

1.2.1.1　启动 ArcMap

启动 ArcMap 有以下几种方法：

①在软件安装过程中创建桌面快捷方式，直接双击 ArcMap 快捷方式，启动应用程序。

②如果没有创建桌面快捷方式，则单击 Windows 任务栏的【开始】→【程序】→【ArcGIS】→【ArcMap10.2】，启动应用程序。

③在 ArcCatalog 工具栏中单击 ArcMap 图标按钮。

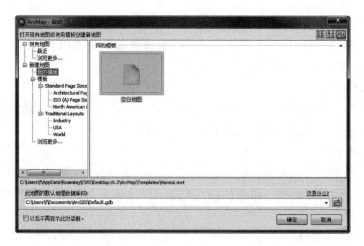

图 1-2 【ArcMap – 启动】对话框

3 种启动方式都将首先打开【ArcMap 启动】对话框，如图 1-2 所示。

1.2.1.2 创建空白地图文档

创建空白地图文档主要有以下几种方式。

(1) 通过【ArcMap 启动】对话框创建

在【ArcMap 启动】对话框中，单击【我的模板】，在右边空白区域选择【空白地图】，单击【确认】按钮，完成空白地图文档的创建。

(2) 通过【文件】菜单创建

在 ArcMap 中，单击【文件】菜单下的【新建】按钮，打开【新建文档】对话框，在右边空白区域选择【空白地图】，单击【确认】按钮，完成空白地图文档的创建。

(3) 通过工具栏创建

在 ArcMap 中，单击工具栏上的按钮，打开【新建文档】对话框，在右边空白区域选择【空白地图】，单击【确认】按钮，完成空白地图文档的创建。

1.2.1.3 打开地图文档

打开已创建的地图文档主要有以下几种方式。

(1) 通过【ArcMap 启动】对话框打开

在【ArcMap 启动】对话框中，单击【现有地图】→【最近】来打开最近使用的地图文档，也可以单击【浏览更多】，定位到地图文档所在文件夹，打开地图文档。

(2) 通过菜单栏打开

在 ArcMap 中，单击【文件】菜单下的【打开】按钮，打开【打开】对话框，选择一个已创建的地图文档，单击【打开】按钮，完成地图文档的打开。

(3) 通过工具栏打开

在 ArcMap 中，单击工具栏上的按钮，打开【打开】对话框，选择一个已创建的地图文档，单击【打开】按钮，完成地图文档的打开。

(4) 直接打开已创建的地图文档

直接双击现有的地图文档打开地图文档，这是最常用的打开地图文档的方式。

1.2.1.4 保存地图文档

如果对打开的 ArcMap 地图文档进行过一些编辑修改，或创建了新的地图文档，就需要对当前编辑的地图文档进行保存。

(1) 地图文档保存

如果要将编辑修改的内容保存在原来的文件中，单击工具栏上的 🔳 按钮或在 ArcMap 主菜单中单击【文件】→【🔳保存】，即可保存地图文档。

(2) 地图文档另存为

如果需要将地图内容保存在新的地图文档中，在 ArcMap 主菜单中单击【文件】→【另存为】，打开【另存为】对话框，输入【文件名】，单击【确定】按钮，即可将地图文档保存在一个新的文件中。

(3) 地图文档保存副本

如果要使用早期版本打开该地图文档，则需要在 ArcMap 主菜单中单击【文件】→【保存副本】，打开【保存副本】对话框，输入【文件名】，在【保存类型】下拉菜单中选择需要的目标版本，然后单击【确定】按钮，完成副本的保存。

1.2.2 ArcMap 窗口组成

如图 1-3 所示，ArcMap 窗口主要由主菜单栏、工具栏、内容列表、地图显示窗口、目录、搜索、状态栏等七部分组成，其中目录和搜索是 ArcMap10 以后新增的内容，与 ArcCatalog 中的目录树和搜索窗口功能相同。

图 1-3 ArcMap 窗口

1.2.2.1 主菜单栏

主菜单栏包括【文件】、【编辑】、【视图】、【书签】、【插入】、【选择】、【地理处理】、【自定义】、【窗口】、【帮助】10 个菜单。

(1)【文件】菜单

【文件】下拉菜单中各菜单及其功能见表 1-1。

表1-1 【文件】菜单中的各菜单及功能

图标	名称	功能
	新建	新建一个空白地图文档
	打开	打开一个已有的地图文档
	保存	保存当前地图文档
	另存为	另存地图文档
	保存副本	将地图文档保存为 ArcGIS 10 或以前的版本
	共享为	将当前文档以及地图文档所引用数据创建为地图包，方便与其他用户共享地图文档
	添加数据	向地图中添加数据
	登录	登录到 ArcGIS OnLine 共享地图和地理信息
	ArcGIS OnLine	ArcGIS 系统的在线帮助
	页面和打印设置	页面设置和打印设置
	打印预览	预览打印效果
	打印	打印地图文档
	导出地图	将当前地图文档输出为其他格式文件
	分析地图	优化地图的绘制速度，并查找诸如图层损坏等问题
	地图文档属性	设置地图文档的属性信息
	退出	退出 ArcMap 应用程序

(2)【编辑】菜单

【编辑】下拉菜单中各菜单及其功能见表1-2。

表1-2 【编辑】菜单中的各菜单及功能

图标	名称	功能
	撤销	取消前一操作
	恢复	恢复前一操作
	剪切	剪切选择内容
	复制	复制选择内容
	粘贴	粘贴选择内容
	选择性粘贴	将剪贴板上的内容以指定的格式粘贴或链接到地图中

(续)

图标	名称	功能
	删除	删除所选内容
	复制地图到粘贴板	将地图文档作为图形复制到粘贴板
	选择所有元素	选择所有元素
	取消选择所有元素	取消选择所有元素
	缩放至所选元素	将所选择元素居中最大化显示

(3)【视图】菜单

【视图】下拉菜单中各菜单及其功能见表1-3。

表1-3 【视图】菜单中的各菜单及功能

图标	名称	功能
	数据视图	切换到数据视图
	布局视图	切换到布局视图
	图表	创建和管理图表
	报表	创建、加载、运行报表
	滚动条	勾选启动滚动条
	状态栏	勾选启动状态栏
	标尺	控制标尺开与关
	参考线	控制参考线开与关
	格网	控制格网开与关
	数据框属性	打开【数据框属性】对话框
	刷新	修改地图后刷新地图
	暂停绘制	对地图修改时不刷新地图
	暂停标注	在处理数据的过程中暂停绘制标注

(4)【书签】菜单

【书签】下拉菜单中各菜单及其功能见表1-4。

表1-4 【插入】菜单中的各菜单及功能

图标	名称	功能
	创建书签	创建空间书签
	管理书签	打开书签管理器

(5)【插入】菜单

【插入】下拉菜单中各菜单及其功能见表 1-5。

表 1-5 【插入】菜单中的各菜单及功能

图标	名称	功能
	数据框	向地图文档插入一个新的数据框
	标题	为地图添加标题
	文本	为地图添加文本文字
	动态文本	为地图添加文本，如日期、坐标系等信息
	内图廓线	为地图添加内图廓线
	图例	在地图上添加图例
	指北针	在地图上添加指北针
	比例尺	在地图上添加比例尺
	比例文本	在地图上添加文本比例尺
	图片	在地图上添加图片
	对象	在地图上添加对象，如图表、文档等

(6)【选择】菜单

【选择】下拉菜单中各菜单及其功能见表 1-6。

表 1-6 【选择】菜单中的各菜单及功能

图标	名称	功能
	按属性选择	使用 SQL 按照属性信息选择要素
	按位置选择	按照空间位置选择要素
	按图形选择	使用所绘图形选择要素
	缩放至所选要素	在地图显示窗口中将选择要素居中最大化显示在显示窗口的中心
	平移至所选要素	在地图显示窗口中将选择要素居中显示在显示窗口的中心
	统计数据	对所选要素进行统计
	清除所选要素	清除对所选要素的选择
	交互式选择方法	设置选择集创建方式
	选择选项	打开【选择选项】对话框，设置选择的相关属性

(7)【地理处理】菜单

【地理处理】下拉菜单中各菜单及其功能见表 1-7。

表 1-7 【地理处理】菜单中的各菜单及功能

图标	名称	功能
	缓冲区	打开【缓冲区】工具创建缓冲区
	裁剪	打开【裁剪】工具裁剪要素
	相交	打开【相交】工具用于要素求交
	联合	打开【联合】工具用于要素联合
	合并	打开【合并】工具用于要素合并
	融合	打开【融合】工具用于要素融合
	搜索工具	打开【搜索】窗口搜索指定的工具
	ArcToolbox	打开【ArcToolbox】窗口
	环境	打开【环境设置】对话框，以设置当前地图环境
	结果	打开【结果】窗口显示地理处理结果
	模型构建器	打开【模型】构建器窗口用于建模
	Python	打开【Python】窗口编辑命令
	地理处理选项	打开【地理处理选项】对话框，用于地理处理各项设置

(8)【自定义】菜单

【自定义】下拉菜单中各菜单及其功能见表 1-8。

表 1-8 【自定义】菜单中的各菜单及功能

名称	功能
工具条	加载需要的工具条
扩展模块	打开【扩展模块】对话框，启用 ArcGIS 扩展功能
加载项管理器	打开【加载项管理器】对话框，管理加载项
VBA 宏	创建、编辑或执行 VBA 宏
自定义模式	打开【自定义】对话框，添加自定义命令
样式管理器	打开【样式管理器】对话框，管理样式
ArcMap 选项	打开【ArcMap 选项】对话框，对 ArcMap 进行设置

(9)【窗口】菜单

【窗口】下拉菜单中各菜单及其功能见表 1-9。

项目 1　ArcGIS Desktop 应用基础

表 1-9　【窗口】菜单中的各菜单及功能

图标	名称	功能
	总览	查看当前地图总体范围
	放大镜	将当前位置视图放大显示
	查看器	查看当前地图文档内容
	内容列表	打开【内容列表】窗口
	目录	打开【目录】窗口
	搜索	打开【搜索】窗口
	影像分析	打开【影像分析】对话框，对影像进行显示及各项处理操作

(10)【帮助】菜单

【窗口】下拉菜单中各菜单及其功能见表 1-10。

表 1-10　【帮助】菜单中的各菜单及功能

图标	名称	功能
	ArcGIS Desktop 帮助	打开【ArcGIS 10 帮助】对话框，获取相关帮助
	ArcGIS Desktop 资源中心	打开 ArcGIS 网站，获取相关帮组
	关于 ArcMap	查看 ArcMap 的版本与版权等信息

1.2.2.2　工具栏

在工具栏上任意位置点击鼠标右键，在弹出菜单中勾选用户需要的工具条，常用的工具条有【标准】工具条、【工具】工具条和【布局】工具条。

(1)【标准】工具条

【标准】工具条中共有 20 个工具，包含了有关地图数据层操作的主要工具，各按钮对应的功能见表 1-11。

表 1-11　【标准】工具条功能

图标	名称	功能
	新建地图文档	创建新的地图文档
	打开	打开一个现有的地图文档
	保存	保存当前地图文档
	打印	打印当前地图文档
	剪切	剪切选择内容
	复制	复制选择内容
	粘贴	粘贴选择内容
	删除	删除所选内容

（续）

图标	名称	功能
	撤销	撤销上次操作
	恢复	恢复先前撤销的操作
	添加数据	将新数据添加到地图的活动数据框中
1:40,000	比例尺	显示和设置地图比例尺
	编辑器工具条	启动、关闭【编辑器】工具条
	内容列表窗口	打开【内容列表】窗口
	目录窗口	打开【目录】窗口
	搜索窗口	打开【搜索】窗口
	ArcToolbox 窗口	打开【ArcToolbox】窗口
	Python 窗口	打开【Python】窗口编辑命令
	模型构建器窗口	打开【模型】构建器窗口用于建模

(2)【工具】工具条

【工具】工具条中共有20个工具，包含了对地图数据进行视图、查询、检索、分析等操作的主要工具，各按钮对应的功能见表1-12。

表1-12 【工具】工具条功能

图标	名称	功能
	放大	单击或拉框任意放大视图
	缩小	单击或拉框任意缩小视图
	平移	平移视图
	全图	缩放至全图
	固定比例放大	以数据框中心点为中心，按固定比例放大地图
	固定比例缩小	以数据框中心点为中心，按固定比例缩小地图
	返回到上一视图	返回到上一视图
	转到下一视图	前进到下一视图
	选择要素	通过单击或拖拽方框方式选择要素
	清除所选要素	清除对所选要素的选择
	选择元素	选择、调整以及移动地图上的文本、图形和其他对象
	识别	识别单击的地理要素或地点
	超链接	触发要素中的超链接

（续）

图标	名称	功能
	HTML 弹出窗口	触发要素中的 HTML 弹出窗口
	测量	测量距离和面积
	查找	打开【查找】对话框，用于在地图中查找要素和设置线性参考
	查找路径	打开【查找路径】对话框，计算点与点之间的路径及行驶方向
	转到 XY	打开【转到 XY】对话框，输入某个（X、Y），并导航到该位置
	打开"时间滑块"窗口	打开【时间滑块】窗口，以便处理时间数据图层和表
	创建查看器窗口	通过拖拽出一个矩形创建新的查看器窗口

(3)【布局】工具条

【布局】工具条中共有 14 个工具，借助这些工具可以完成大量在布局视图下可以完成的数据操作，各按钮对应的功能见表 1-13。

表 1-13 【布局】工具条功能

图标	名称	功能
	放大	单击或拉框任意放大布局视图
	缩小	单击或拉框任意缩小布局视图
	平移	平移视图
	缩放整个页面	缩放至布局的全图
	缩放至 100%	缩放至 100% 视图
	固定比例放大	以数据框中心点为中心，按固定比例放大布局视图
	固定比例缩小	以数据框中心点为中心，按固定比例缩小布局视图
	返回到范围	返回至前一视图范围
	前进至范围	前进至下一视图范围
72%	缩放至百分比	按特定百分比缩放地图布局
	切换描绘模式	切换框架图形的描绘模式
	焦点数据框	使数据框在有无焦点之间切换
	更改布局	打开【选择模板】对话框，选择合适的模板更改布局
	数据驱动页面工具条	打开【数据驱动页面】工具条设置数据驱动页面

1.2.2.3 内容列表

内容列表中将列出地图上的所有图层并显示各图层中要素所代表的内容。地图的内容列表有助于管理地图图层的显示顺序和符号分配，还有助于设置各地图图层的显示和其他属性。

一个地图文档至少包含一个数据框，如果地图文档中包含两个或两个以上数据框，内容列表将依次显示所有数据框，但只有一个数据框是当前数据框，其名称以加粗方式显示。每个数据框都由若干图层组成，图层在内容列表中显示的顺序将决定在地图显示窗口中的上下层叠加顺序，系统默认是按照点、线、面的顺序显示。每个图层前面有两个小方框，其中一个方框为"+/-"号，用于显示更多图层信息与否，另一个小方框为"√"号，用于控制图层在地图显示窗口的显示与否。可以按住"CTRL"键并进行单击可同时打开或关闭所有地图图层。

内容列表有 4 种列出图层的方式。

(1) 按绘制顺序列出

如图 1-4(a) 所示，用于表示所有图层地理要素的类型与表示方法。

(2) 按源列出

如图 1-4(b) 所示，除了表示所有图层地理要素的类型与表示方法外，还能显示数据的存放位置与储存格式，即数据源信息。

(3) 按可见性列出

如图 1-4(c) 所示，除了表示所有图层地理要素的类型与表示方法外，还将图层按照可见与不可见进行分组列出。

(4) 按选择列出

如图 1-4(d) 所示，按照图层是否有要素被选中，对图层进行分组显示，同时标识当前处于选中状态的要素的数量。

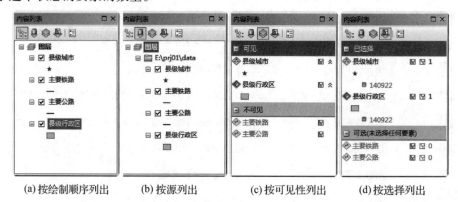

(a) 按绘制顺序列出　　(b) 按源列出　　(c) 按可见性列出　　(d) 按选择列出

图 1-4　内容列表的四种列出方式

1.2.2.4　目录、搜索窗口

目录窗口主要用于组织和管理地图文档、图层、地理数据库、地理处理模型和工具、基于文件的数据等。如图 1-2 中的目录窗口所示，使用目录窗口中的树视图与使用 Windows 资源管理器非常相似，只是目录窗口更侧重于查看和处理 GIS 信息。它将以列表的形式显示文件夹连接、地理数据库和 GIS 服务。可以使用位置控件和树视图导航到各个工

作空间文件夹和地理数据库。搜索窗口可对本地磁盘中的地图、数据、工具进行搜索。

1.2.2.5 地图显示窗口

地图显示窗口用于显示地图所包括的所有地理要素，ArcMap 提供了两种地图显示方式：一种是数据视图；一种是布局视图。在数据视图状态下，可以借助数据显示工具对地图数据进行查询、检索、编辑和分析等各种操作；在布局视图状态下，可以在地图上加载图名、图例、比例尺和指北针等地图辅助要素。两种地图显示方式可以借助地图显示窗口左下角的两个按钮进行切换，也可以通过单击【视图】菜单下的【▦数据视图】和【▦布局视图】子菜单进行切换。

1.2.3 ArcMap 中的快捷菜单

在 ArcMap 窗口的不同部位单击鼠标右键，会弹出不同的快捷菜单。在实际操作中经常调用的快捷菜单有以下几种。

1.2.3.1 数据框操作快捷菜单

在内容列表中的数据框上单击鼠标右键，弹出数据框操作的快捷菜单，各菜单的功能见表 1-14。

表 1-14 数据框操作快捷菜单中的各菜单及功能

图标	名称	功能
✚	添加数据	向数据框中添加数据
	新建图层组	新建一个图层组
	新建底图图层	新建一个底图图层来存放底图数据
	复制	复制图层
	粘贴图层	粘贴已复制的图层
✕	移除	移除图层
	打开所有图层	显示数据框中的所有图层
	关闭所有图层	关闭数据框中所有图层的显示
	选择所有图层	选择数据框下的全部图层
⊞	展开所有图层	将数据框下的所有图层展开
⊟	折叠所有图层	将数据框下的所有图层折叠
	参考比例	设置数据框下的所有图层的参考比例尺
	高级绘制选项	对地图中面状要素掩盖的其他要素进行设置
	标记	标注管理，包括标注管理器、设置标注优先级、标注权重等级、锁定标注、暂停标注、查看未放置的标注等
	将标注转换为标记	将数据框中已标注图层中的标注转换为标记
	要素转图形	将要素转换为图形
	将图形转换为要素	将图像转换为要素
	激活	激活当前选中的数据框
	属性	打开【数据框属性】对话框，设置数据框的相关属性

1.2.3.2 数据层操作快捷菜单

在内容列表中的任意图层上单击鼠标右键，弹出图层操作的快捷菜单，每个菜单分别用于对当前选中的图层及其要素的属性进行操作，各菜单的功能见表1-15。

表1-15 数据层操作快捷菜单中的各菜单及功能

图标	名称	功能
	复制	复制当前选中的图层
	移除	移除当前选中的图层
	打开属性表	打开图层的属性表
	连接和关联	将当前属性表连接、关联到其他表或基于空间位置连接
	缩放至图层	缩放至选中图层视图
	缩放至可见	将当前视图缩放到可见比例尺
	可见比例范围	设置当前图层可见的最大和最小比例尺
	使用符号级别	对当前图层启用符号级别功能
	选择	选择图层中的要素并进行操作
	标注要素	勾选时在要素上显示标注
	编辑要素	对要素进行编辑
	将标注转换为注记	将此图层中的标注转换为注记
	要素转图形	将要素转换为图形
	将符号系统转换为制图表达	将此图层中的符号系统转换为制图表达
	数据	导出、修复数据等
	另存为图层文件	将当前图层另存为图层文件
	创建图层包	创建包括图层属性和图层图层所引用的数据集的图层包，可以保存和共享与图层相关的所有信息，如图层的符号、标注和数据等
	属性	设置当前图层的属性

1.2.3.3 数据视图操作快捷菜单

在数据视图下，当编辑器处于非编辑状态时，在地图显示窗口中单击鼠标右键，弹出数据视图操作的快捷菜单。数据视图操作快捷菜单用于对数据视图中当前数据框进行操作，各菜单的功能见表1-16。

表 1-16 数据视图操作快捷菜单中的各菜单及功能

图标	名称	功能
	全图	缩放至地图全图
	返回到上一视图	返回到上一视图
	转到下一视图	前进到下一视图
	固定比例放大	以数据框中心点为中心，按固定比例放大地图
	固定比例缩小	以数据框中心点为中心，按固定比例缩小地图
	居中对齐	视图居中显示
	选择要素	选择单击的要素
	识别	识别单击的地理要素或地点
	缩放至所选要素	缩放至所选要素视图
	平移至所选要素	平移至所选要素视图
	清除所选要素	清除对所选要素的选择
	粘贴	粘贴在内容列表中复制的图层，在地图显示窗口中复制的图形或注记，在【表】窗口中复制的记录
	数据框属性	设置数据框的相关属性

1.2.3.4 布局视图操作快捷菜单

在布局视图下，在当前数据框内单击鼠标右键，弹出针对数据框内部数据的布局视图操作快捷菜单，其功能见表 1-17；在当前数据框外单击鼠标右键，弹出针对整个页面的布局视图操作快捷菜单，其功能见表 1-18。

表 1-17 数据框内布局视图操作快捷菜单中的各菜单及功能

图标	名称	功能
	添加数据	向数据框中添加数据
	全图	缩放至地图全图
	焦点数据框	使数据框在有无焦点之间切换
	缩放整个页面	对布局视图的整个页面缩放
	缩放至所选元素	缩放至所选元素视图
	剪切、复制、删除	剪切、复制、删除所选内容
	转换为图形	将图例、比例尺、指北针等转换为图形
	组	当图例转换为图形后对已取消分组的图形元素创建组合
	取消分组	对转换成图形后的图例取消组合，以便更精确地修改该图例各部分

(续)

图标	名称	功能
	顺序	改变数据框的排列顺序
	微移	对数据框、图例、比例尺等的位置上、下、左、右进行微调
	对齐	设置数据框的对齐方式
	分布	设置数据框的分布方式
	旋转或翻转	旋转或翻转图形
	属性	设置数据框属性

表 1-18 数据框外布局视图操作快捷菜单中的各菜单及功能

图标	名称	功能
	缩放整个页面	对布局视图的整个页面缩放
	返回到范围	返回至前一视图范围
	前进至范围	前进至下一视图范围
	页面和打印设置	设置打印页面的各个参数
	切换描绘模式	切换至描绘模式
	剪切、复制、粘贴、删除	剪切、复制、粘贴、删除所选内容
	选择所有元素	选择所有的元素
	取消选择所有元素	取消对所有元素的选择
	缩放至所选元素	缩放至所选元素视图
	标尺	设置标尺
	参考线	设置参考线
	格网	设置格网
	页边距	设置页边距
	ArcMap 选项	设置 ArcMap 选项

1.2.4 ArcCatalog 启动与关闭

1.2.4.1 启动 ArcCatalog

启动 ArcCatalog 有以下几种方式：

①双击桌面上的 ArcCatalog 的快捷方式 ，启动 ArcCatalog。

②单击 Windows 任务栏上的【开始】→【所有程序】→【ArcGIS】→【ArcCatalog10.2】，启动 ArcCatalog，启动后，就会出现如图 1-5 所示的 ArcCatalog 窗口。

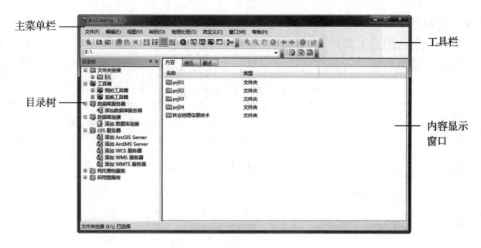

图 1-5　ArcCatalog 窗口

1.2.4.2　关闭 ArcCatalog

①单击 ArcCatalog 窗口右上角的❌按钮，关闭 ArcCatalog。

②在 ArcCatalog 主菜单中单击【文件】→【退出】，退出 ArcCatalog。关闭 ArcCatalog 后，ArcCatalog 会自动记忆 ArcCatalog 中已经连接的文件夹，可见的工具栏，ArcCatalog 窗口中各元素的位置，ArcCatalog 还会记住关闭目录树前选择的数据项，并且在下一次启动 Arc-Catalog 后再次选择它。

1.2.5　ArcCatalog 窗口组成

ArcCatalog 窗口主要由主菜单栏、工具栏、状态栏、目录树、内容显示窗口组成。

1.2.5.1　主菜单栏

ArcCatalog 窗口主菜单栏由【文件】、【编辑】、【视图】、【转到】、【地理处理】、【自定义】、【窗口】和【帮助】8 个菜单组成。其中除【文件】菜单外，其他菜单功能与 ArcMap 基本一致，这里只介绍【文件】菜单，其下拉菜单中各菜单及其功能见表 1-19。

表 1-19　【文件】菜单中的各菜单及功能

图标	名称	功能
	新建	新建文件夹、个人和文件地理数据库、Shapefile 文件、图层等
	连接到文件夹	建立与文件夹的连接
	断开文件夹连接	断开与文件夹得连接
	删除	删除选中的内容
	登录	登录或登出 ArcGIS Online
	重命名	重新命名选中的内容
	属性	查看选中内容的属性信息
	退出	退出 ArcCatalog 应用程序

1.2.5.2 工具栏

ArcCatalog 中常用的工具栏有【标准】工具条、【位置】工具条和地理工具条,其中【标准】工具条是对地图数据进行操作的主要工具,各按钮对应的功能见表 1-20。

表 1-20 【标准】工具条功能

图标	名称	功能
	向上一级	返回上一级目录
	连接到文件夹	建立与文件夹的连接
	断开与文件夹的连接	断开与文件夹的连接
	复制	复制所选内容
	粘贴	粘贴所选内容
	删除	删除所选内容
	大图标	文件夹中的内容在主窗口中以大图标样式显示
	列表	文件夹中的内容在主窗口中以列表样式显示
	详细信息	文件夹中的内容在主窗口中以详细信息样式显示
	缩略图	文件夹中的内容在主窗口中以缩略图样式显示
	启动 ArcMap	启动 ArcMap 应用程序
	目录树窗口	打开目录树窗口
	搜索窗口	打开搜索窗口
	ArcToolbox 窗口	打开 ArcToolbox 窗口
	Python 窗口	打开 Python 窗口
	模型建构器窗口	打开模型建构器窗口

1.2.5.3 目录树

ArcCatalog 通过目录树管理所有地理信息项,通过它可以查看本地或网络上连接的文件和文件夹,如图 1-6 所示。选中目录树中的元素后,用户可在右侧的内容显示窗口中查看其特性、地理信息以及属性。也可以在目录树中对内容进行编排、建立新连接、添加新元素(如数据集)、移除元素、重命名元素等。

1.2.5.4 内容显示窗口

内容显示窗口是信息浏览区域,包括【内容】、【预览】和【描述】三个选项卡,在这里可以显示选中文件夹中包含的内容、预览数据的空间信息、属性信息以及元数据信息。

1.2.6 ArcToolbox 简介

从 ArcGIS 9 版本开始,ArcToolbox 变成 ArcMap、ArcCatalog、ArcScene、ArcGlobe 中

图 1-6　目录树窗口图

图 1-7　ArcToolbox 窗口

一个可停靠的窗口，如图 1-7 所示。

ArcToolbox 的空间处理框架可以跨 ArcView、ArcEditor 和 ArcInfo 环境，ArcView 中的 ArcToolbox 工具超过 80 种，ArcEditor 超过 90 种，ArcInfo 则提供了大约 250 种工具。ArcGIS 具有可扩展性，如 ArcGIS 3D Analyst 和 ArcGIS Spatial Analys 扩展了 ArcToolbox，提供了超过 200 个额外工具。使用 ArcToolbox 中的工具，能够在 GIS 数据库中建立并集成多种数据格式，进行高级 GIS 分析，处理 GIS 数据等；使用 ArcToolbox 可以将所有常用的空间数据格式与 ArcInfo 的 Coverage、Grids、TIN 进行互相转换；在 ArcToolbox 中可进行拓扑处理，可以合并、剪贴、分割图幅，以及使用各种高级的空间分析工具等。

1.2.7　ArcToolbox 工具集介绍

ArcToolbox 的空间处理工具条目众多，为了便于管理和使用，一些功能接近或者属于同一种类型的工具被集合在一起形成工具的集合，这样的集合被称为工具集。按照功能与类型的不同，工具集主要分为以下几方面。

(1) 3D 分析工具

使用 3D 分析工具可以创建和修改 TIN 以及三维表面，并从中抽象出相关信息和属性。创建表面和三维数据可以帮助用户看清二维形态中并不明确的信息。

(2) 分析工具

对于所有类型的矢量数据，分析工具提供了一整套的方法，来运行多种地理处理框架。主要实现有联合、剪裁、相交、判别、拆分、缓冲区、近邻、点距离、频度、加和统计等。

(3) 制图工具

制图工具与 ArcGIS 中其他大多数工具有着明显的目的性差异，它是根据特定的制图标准来设计的，包含了三种掩膜工具。

(4) 转换工具

包含了一系列不同数据格式的转换工具，主要有栅格数据、Shapefile、Coverage、Table、dBase、数字高程模型，以及 CAD 到空间数据库（GeoDatabase）的转换等。

(5) 数据管理工具

提供了丰富且种类繁多的工具用来管理和维护要素类、数据集、数据层以及栅格数据结构。

(6) 地理编码工具

地理编码又叫地址匹配，是一个建立地理位置坐标与给定地址一致性的过程。使用该工具可以给各个地理要素进行编码操作，建立索引等。

(7) 地统计分析工具

地统计分析工具提供了广泛全面的工具，用它可以创建一个连续表面或者地图，用于可视化及分析，并且可以更清晰了解空间现象。

(8) 线性要素工具

生成和维护实现由线状 Coverage 到路径的转换，由路径事件属性表到地理要素类的转换等。

(9) 空间分析工具

空间分析工具提供了很丰富的工具来实现基于栅格的分析。在 GIS 三大数据类型中，栅格数据结构提供了用于空间分析最全面的模型环境。

(10) 空间统计工具

空间统计工具包含了分析地理要素分布状态的一系列统计工具，这些工具能够实现多种适用于地理数据的统计分析。

1.2.8 ArcToolbox 环境设置

在 ArcToolbox 中，任意打开一个工具，在对话框右下方便有一个【环境】按钮，对于一些特别的模型或者有特殊目的的计算，需要对输出数据的范围、格式等进行调整的时候，单击【环境】按钮，打开【环境设置】对话框。该对话框提供了常用的环境设置，包括工作空间的设定、输出坐标系、处理范围的设置、分辨率、M 值、Z 值的设置，数据库、制图以及栅格分析等设置。

任务实施　ArcGIS 基本操作

一、目的要求

通过图层数据的加载、图层数据显示顺序的调整、查询地理要素信息等操作，使学生熟练掌握 ArcMap 软件的基本操作；通过连接文件夹、浏览数据、创建图层文件等操作，使学生熟练掌握 ArcCatalog 软件的基本操作；通过激活扩展工具、创建个人工具箱、管理工具等操作，使学生熟练掌握 ArcToolbox 软件的基本操作。

二、数据准备

主要公路、主要铁路、县级城市、县级行政区等矢量数据。

三、操作步骤

（一）ArcMap 基本操作

第 1 步　启动 ArcMap

双击桌面 ArcMap 快捷方式，在【ArcMap 启动】对话框中，单击【我的模板】，在右边空白区域选择【空白地图】，单击【确认】按钮，完成 ArcMap 的启动。

第 2 步　加载图层数据

①在【标准】工具条上单击【✦添加数据】按钮，打开【添加数据】对话框，如图 1-8 所示。

②单击【查找范围】下拉框，浏览到 prj01\data 文件夹，在列表框中选中所有要素类，单击【添加】按钮，完成图层数据的添加，结果如图 1-9 所示。

第 3 步　更改图层图名和显示顺序

默认情况下，添加进地图文档中的图层是以数据源的名字命名的，可以根据需要更改图层的名称。

项目 1　ArcGIS Desktop 应用基础

图 1-8　【添加数据】对话框

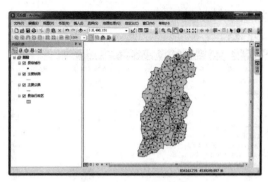

图 1-9　【添加数据】结果

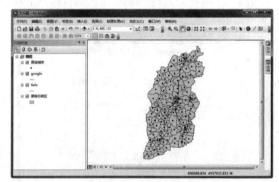

图 1-10　更改图层名称及显示顺序结果

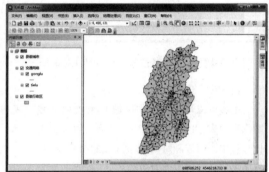

图 1-11　创建图层组结果

①在"主要铁路"图层上单击左键，选中图层，再次单击左键，图层名称进入编辑状态，输入新名称"tielu"；双击"主要公路"图层打开【图层属性】对话框，在【常规】选项卡下【图层名称】文本框中输入新名称"gonglu"。

图层在内容列表中的排列顺序决定了图层在地图中的绘制顺序，图层的排列顺序按照点、线、面要素类型以及要素重要程度的高低依次由上而下进行排列。

②在内容列表中单击选中"gonglu"图层，按住鼠标左键向上拖动至"tielu"图层上面释放左键完成图层顺序调整，结果如图 1-10 所示。

第 4 步　创建图层组

当需要把多个图层当做一个图层来处理时，可将多个相同类别的图层组成一个图层组。

①在内容列表中，同时选中"gonglu"和"tielu"两个图层，单击鼠标右键，然后单击【组】，即可创建包含这两个图层的图层组。更改图层组的名称为"交通网络"，结果如图 1-11 所示。

②如果想取消图层组，可在图层组上单击右键，然后单击【取消分组】即可取消图层组。

第 5 步　设置图层比例尺

通常情况下，不论地图显示的比例尺多大，只要在 ArcMap 内容列表中勾选图层，该图层就始终处于显示状态。如果地图比例尺很小，就会因为地图内容过多而无法清楚地表达。为了解决这个问题，就需要设置各图层的显示比例尺范围。显示比例尺范围的设置分绝对比例尺和相对比例尺两种。

(1) 设置绝对比例尺

①双击"县级行政区"图层，打开【图层属性】对话框，如图 1-12 所示。

②在【常规】选项卡【比例范围】下单击选中【缩放超过下列限制时不显示图层】单选按钮，输入【缩小超过】为 15000000，和【放大超过】为 2000000，单击【确定】按钮，完成设置。

(2) 设置相对比例尺

①在地图显示窗口中，将视图缩小到一个合适的范围，在"县级行政区"图层上单击右键，然后单击【可见比例范围】→【设置最小比例】，设置该图层的最小相对比例尺。

②放到视图到一个合适的范围，单击【可见比

例范围】→【设置最大比例】，设置该图层的最大相对比例尺。

图1-12 【图层属性常规选项卡】对话框

第6步 创建书签

书签可以将某个工作区域或感兴趣区域的视图保存起来，以便在 ArcMap 视图缩放和漫游等操作过程中，可以随时回到该区域的视图窗口状态。视图书签是与数据组对应的，每一个数据组都可以创建若干个视图书签，书签只针对空间数据，所以又称为空间书签，在布局视图中不能创建书签。

①在地图显示窗口中，将视图缩放或平移到适当的范围，在 ArcMap 主菜单中单击【书签】→【创建书签】，打开【创建书签】对话框，在【书签名称】文本框中输入书签名称"右玉"，如图1-13所示。

②单击【确定】按钮，保存书签。通过漫游和缩放等操作重新设置视图区域或状态，重复上述步骤，可以创建多个视图书签。

③如果要把创建的书签保存到地图文档中，需要在【标准】工具条上单击保存按钮。

图1-13 【创建书签】对话框

第7步 设置地图提示信息

地图提示以文本方式显示某个要素的某一属性，当将鼠标放在某个要素上时，将会显示地图提示。

①在内容列表中，双击"县级城市"图层，打开【图层属性】对话框，如图1-14所示。

②在【显示】选项卡下单击选中【使用显示表达式显示地图提示】单选按钮，单击【字段】下拉框选择"Name"字段，单击【确定】按钮，完成设置。

③将鼠标保持在"县级城市"图层中的任意一个要素上，这个要素的"Name"字段内容就会作为地图提示信息显示出来。

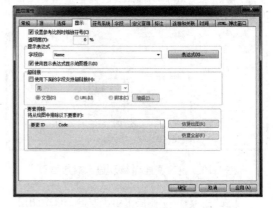

图1-14 【图层属性】对话框

第8步 查询地理要素信息

在 ArcMap 中，可以通过点击【工具】工具条上的按钮，在地图显示窗口查询任意一个要素的属性。

①在地图显示窗口中，点击表示"太原市杏花岭"的点要素，打开【识别】结果对话框，如图1-15所示。

②在【识别】结果对话框中显示数据库中名为"太原市杏花岭"的所有属性。

③单击【识别】结果对话框左边的"县级城市"或"太原市杏花岭"，在地图显示窗口可以看到这个要素在闪烁显示。

④从【识别范围】下拉列表框中选择【所有图层】，然后在地图显示窗口中再次点击"太原市杏花岭"。在【识别】结果对话框左边显示出"gonglu""tielu""县级行政区"图层中与选中的县级城市太原市杏花岭相交的线和面。

⑤点击【县级行政区】下的"140107"，选定面的所有属性都在右边的窗口显示出来，如图1-16

图 1-15 【识别】结果对话框图 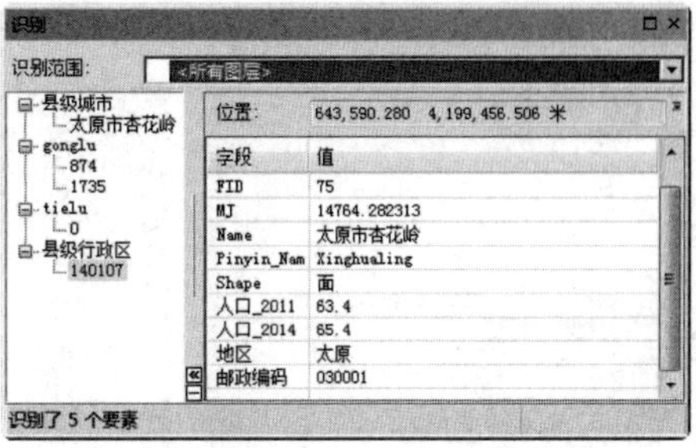　　　　图 1-16 【识别】所有图层结果对话框

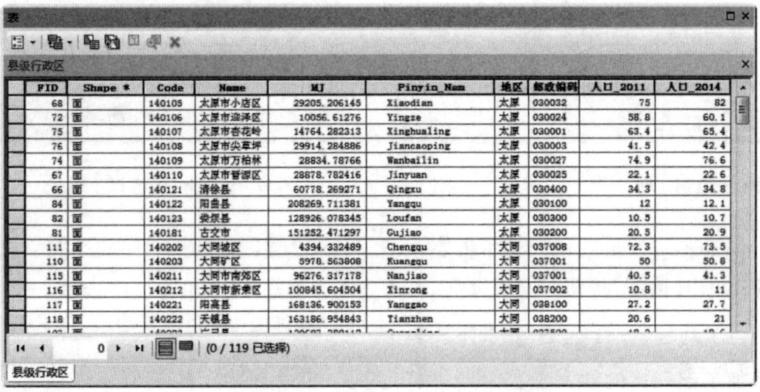

图 1-17 "县级行政区"属性表

所示。

⑥点击【识别】结果对话框右上角的 ⊠ 按钮，关闭【识别】结果对话框，结束查询。

第 9 步　查询其他属性信息

在内容列表中，右击"县级行政区"图层，在弹出菜单中单击【打开属性表】，打开【表】对话框，结果如图 1-17 所示。其中包含了有关"县级行政区"图层的多项属性数据。这个表中的每一行是一个记录，每个记录表示"县级行政区"图层中的一个要素。图层中要素的数目也就是数据表中记录的个数，显示在属性表窗口的底部。用同样的方法，查看其他图层的属性表。

第 10 步　超链接

ArcGIS 中超链接有两种形式：字段属性值设置和利用【识别】工具添加超链接。

（1）字段属性值设置

①在内容列表中"县级城市"图层上单击右键，在弹出的快捷菜单中，单击【打开属性表】，打开【表】窗口。

②单击【☰表选项】下拉菜单中的【添加字段】命令，打开【添加字段】对话框，在【类型】下拉列表中选择"文本"，【名称】输入"超链接"。

③单击编辑器工具条上【编辑器】下拉菜单中的【开始编辑】按钮，在【属性表】中输入要添加的超链接路径（如"E：\ prj01 \ data \ 五台山. jpg"），单击【保存编辑内容】按钮，单击【停止编辑】按钮。

④双击"县级城市"图层，打开【图层属性】对话框，单击【显示】标签，在【超链接】区域中选中【使用下面的字段支持超链接】复选框，然后选择"超链接"字段，如果超链接不是网址或宏，则选择"文档"，单击【确定】按钮，关闭【图层属性】对话框。

⑤这时【工具】工具条中的 ⚡ 工具就可用了，点击这个工具，移动鼠标指针到设置了超链接的要素上，点击就能打开相应的链接。

（2）利用【识别】工具添加超链接

①利用 ⓘ 工具点击要添加超链接的要素"盂县"，打开【识别】对话框。

②右击【识别】对话框左边的"盂县"，在弹出的菜单中选择【添加超链接】，打开【添加超链接】对话框，选择【链接 URL】，输入网址（如

图1-18 【按属性选择】对话框

图1-19 【按属性选择】结果

http：//www.chinacangshan.com），即可将此要素同网址建立链接，单击【确定】按钮，完成设置。

③单击【工具】工具条中的 按钮，在地图显示窗口中单击添加了超链接的要素盂县，即可打开设置的网址。

第11步 按属性选择要素

如果需要显示满足特定条件的要素，就可以通过构建 SQL 语句对要素进行选择，这里仅以选择及定位山西省为例进行说明。

①单击菜单【选择】→【按属性选择】命令，打开【按属性选择】对话框，如图1-18 所示。

②在【图层】下拉列表中选择"县级行政区"图层，在【方法】下拉列表中选择"创建新选择内容"；在字段列表中，调整滚动条，双击"Name"，然后单击"＝"按钮，再点击"获取唯一值"按钮，在唯一值列表框中，找到"祁县"后双击，通过构造表达式："Name"＝"祁县"，从数据库中找出祁县。

③单击【确定】按钮，关闭【按属性选择】对话框，在地图显示窗口中，属性为"祁县"的要素被高亮显示，如图1-19 所示。选中的这个面就是祁县的行政区域。

第12步 按空间关系选择要素

通过位置选择要素是根据要素相对于同一图层要素或另一图层要素的位置来进行的选择，现在以选择与祁县相邻的县城为例进行说明。

①单击菜单【选择】→【按位置选择】命令，打开【按位置选择】对话框，如图1-20 所示。

②在【选择方法】下拉列表中选择"从以下图层中选择要素"；在【目标图层】中选择"县级行政区"的复选框；在【源图层】下拉列表中选择"县级行政区"；在【目标图层要素的空间选择方法】下拉列表中选择"与源图层要素相交"。

图1-20 【按位置选择】对话框

③单击【确定】按钮，在地图显示窗口中，与祁县相邻的县就会被选中，如图1-21 所示。

④在内容列表中，右击"县级行政区"图层，打开属性表，在属性表中与祁县相邻县的信息记录也被同时选中，如图1-22 所示。

第13步 测量距离和面积

通过测量工具可以对地图中的线和面进行测量。也可以使用此工具在地图上绘制一条线或一

图 1-21 【按位置选择】结果

图 1-22 "县级行政区"属性表

 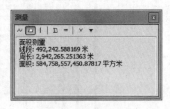 

(a) 测量线结果　　　　　　　(b) 测量面积结果　　　　　　(c) 测量要素结果

图 1-23 测量线、面积、要素结果

个面，然后获取线的长度与面的面积，也可以直接单击要素然后获取该要素的测量信息。在【工具】工具条中单击测量按钮，打开【测量】对话框，如图 1-23 所示，选择测量工具进行测量，具体步骤如下：

(1) 测量线和面积

在【测量】对话框中单击测量线按钮 或测量面积按钮 ，在地图上草绘所需形状，双击鼠标结束线的绘制，然后测量值便会显示在【测量】对话框中，如图 1-23(a)(b) 所示。在测量线结果示例中"线段"后面的数据表示最后一段线段的长度，"长度"表示绘制线段的总长度；在测量面积结果示例中"线段"表示最后一段线段的长度，"周长"表示绘制的多边形的长度，"面积"表示绘制的多边形的面积。

(2) 测量要素

在【测量】对话框中单击测量要素按钮 ，在地图上单击点要素、线要素或面要素，【测量】对话框中便会显示对应的测量结果，如图 1-23(c) 所示。

图 1-24 【地图文档属性】对话框

第 14 步 设置数据路径

ArcMap 地图文档中只保存各图层所对应的源数据的路径信息,通过路径信息实时地调用源数据。由于每次加载地图文档时,系统都会根据地图文档中记录的路径信息去指定的目录中读取数据源,所以,当地图文档数据存储为绝对路径时,存储路径一旦发生变化,地图中将不显示该图层的信息,图层面板上会出现很多红色感叹号。如果不希望出现上述情况,就需要将存储路径设置为相对路径,设置步骤如下:

①单击菜单【文件】→【地图文档属性】命令,打开【地图文档属性】对话框,如图 1-24 所示。

②选中【存储数据源的相对路径名】复选框,单击【确定】按钮,完成设置。

第 15 步 保存地图并退出 ArcMap

单击菜单【文件】→【退出】命令,如果系统提示保存修改,点击"是",关闭 ArcMap 窗口。

(二) ArcCatalog、ArcToolbox 基本操作

第 1 步 启动 ArcCatalog

在 Windows 菜单中单击【开始】→【程序】→【ArcGIS】→【ArcCatalog1.0.0】,或在桌面上直接双击 ArcCatalog 的快捷方式,启动 ArcCatalog。

第 2 步 连接文件夹

ArcCatalog 不会自动将所有物理盘符添加至目录树,若要访问本地磁盘的地理数据,就需要手动连接到文件夹。

①在【标准】工具条上,单击按钮,打开【连接到文件夹】对话框,选择要访问的文件夹,

(a) 大图标方式排列

(b) 列表方式排列

(c) 详细信息方式排列

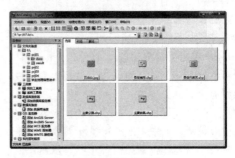

(d) 缩略图方式排列

图 1-25 内容显示窗口中的 4 种预览方式

(a) 地理数据预览　　　　　　　　(b) 表数据预览

图 1-26　数据预览

单击【确定】按钮，建立连接，该连接将出现在 ArcCatalog 目录树中。

②若要断开连接，首先选中要取消连接的文件夹，然后单击【标准】工具条上的按钮，或者直接点击右键，再弹出菜单中选择【断开文件夹连接】，断开与文件夹的连接。

第 3 步　浏览数据

（1）内容浏览

在目录树中选择一个文件夹或数据库，在【内容】选项卡中就会列出选中文件夹或者数据库中的内容，我们可以根据自己的要求选择大图标、列表、详细信息和缩略图的排列显示方式查看地理内容，如图 1-25 所示。

（2）数据预览

在目录树中选中需要查看的数据，在内容显示窗口调整为【预览】选项卡，即可预览到相应的信息。可以通过界面下方的【预览】下拉列表选择预览的内容。若界面下方的【预览】选择为"地理视图"，则预览的是该数据的空间信息，若选择的是"表"，则预览的是其属性信息，如图 1-26 所示。

（3）元数据信息浏览

所谓元数据，即是对数据基本属性的说明。ArcGIS 使用标准的元数据格式记录了空间数据的一些基本信息，例如，数据的主题、关键字、成图目的、成图单位、成图时间、完成或更新状态、坐标系统、属性字段等。元数据是对数据的说明，通过元数据，可以更方便地进行数据的共享与交流。在目录树中选中需要查看的数据，在内容显示窗口调整为【描述】选项卡，就可以查看数据的元数据信息，如图 1-27 所示。

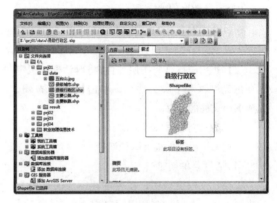

图 1-27　元数据信息浏览

第 4 步　创建图层文件

在 ArcMap 中制作的图层是与地图文档一起保存的，在完成了图层的标注和符号设置后，通过【数据层操作快捷菜单】另存一个独立于地图文档之外的图层文件，以便在其他地图中使用。在 ArcCatalog 中，也可以创建图层文件，创建图层文件有两种途径。

（1）通过菜单创建

①在目录树窗口中，选中要创建图层文件的文件夹，单击【文件】→【新建】→【◆图层】命令，打开【创建新图层】对话框，如图 1-28 所示。

图 1-28　【创建新图层】对话框

②在【为图层指定一个名称】文本框中输入图层文件名"县级行政区",单击浏览数据按钮，打开【浏览数据】对话框,选定创建图层文件的地理数据,单击【添加】按钮,关闭【浏览数据】对话框。

③单击选中【创建缩略图】和【存储相对路径名】复选框,单击【确定】按钮,完成图层文件的创建。

④双击行政区图层文件,在打开的【图层属性】对话框中可以设置图层的名称、标注、符号等属性。

(2) 通过数据创建

在目录树窗口中,在需要创建图层文件的数据源上点鼠标右键,在弹出菜单中,单击【◆创建图层】命令,打开【将图层另存为】对话框,指定保存位置和输入图层文件名,单击【保存】按钮,完成图层文件的保存。

第 5 步　创建图层组文件

创建图层组文件也有两种途径。

(1) 通过菜单创建

①在目录树窗口中,在要创建图层文件的文件夹上点鼠标右键,在弹出菜单中,单击【新建】→【◆创建图层组】命令,在内容浏览窗口新建图层组文本框中输入文件名"交通网络",并按 Enter 键。

②双击该图层组,打开【图层属性】对话框,如图 1-29 所示。

③在【组合】选项卡中,单击【添加】按钮,添加"主要公路"和"主要铁路"两个图层,双击上述两个图层,在打开的【图层属性】对话框中可以设置图层的名称、标注、符号等属性。

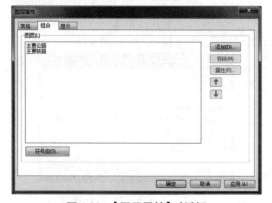

图 1-29　【图层属性】对话框

④单击【确定】按钮,完成图层组文件的创建。

(2) 通过数据创建

在 ArcCatalog 内容浏览窗口中,按住 Shift 键或 Ctrl 键,选中多个地理数据(数据格式必须一致),在任意一个地理数据上点鼠标右键,在弹出菜单中单击【◆创建图层】命令,打开【将图层另存为】对话框,指定保存位置和输入图层组文件名,单击【保存】按钮,完成图层组文件的保存。

第 6 步　启动 ArcToolbox

在 ArcMap、ArcCatalog、ArcScene 和 ArcGlobe 中单击 ArcToolbox 窗口按钮，打开 ArcToolbox 窗口。

第 7 步　激活扩展工具

打开 ArcToolbox 窗口,在【自定义】菜单下有一个【扩展模块】命令,这是一个激活 ArcGIS 扩展工具的命令。这些扩展工具提供了额外的 GIS 功能,大多数扩展工具是拥有独立许可证的可选产品。用户可以选择安装这些扩展工具。

①单击菜单【自定义】→【扩展模块】命令,打开【扩展模块】对话框,如图 1-30 所示。

图 1-30　【扩展模块】对话框

②选中 Spatial Analyst 前面的复选框,安装 3D Analyst 工具。

③单击 Spatial Analyst 工具箱中的工具,这些工具都可以被打开运行,如果没有加载这个扩展工具,Spatial Analyst 工具箱其中的工具是不可被执行的。

第 8 步　创建个人工具箱

ArcGIS 允许用户创建自己的工具箱,在个人工具箱里用户可以放入感兴趣的工具集或工具，具体操作如下：

①在 ArcCatalog 目录树窗口中选择【工具箱】中的【我的工具箱】，单击鼠标右键，在弹出的快捷菜单中点击【新建】→【工具箱】，则生成一个新的工具箱。

②右击新生成的工具箱，在弹出的快捷菜单中，点击【新建】→【工具集】，给工具箱添加工具子集。

③右击工具集，在弹出的快捷菜单中，单击【添加】→【工具】，点击目标工具集或工具前的复选框，点击【确定】按钮，添加工具。

④在 ArcToolbox 窗口的空白处右击，在弹出的快捷菜单中，点击【 添加工具箱】选项，打开【添加工具箱】对话框，找到刚才建立的工具箱加入到 ArcToolbox 中，即可在 ArcToolbox 窗口中看到该工具箱。

第 9 步　管理工具

在任意一个 ArcToolbox 工具箱上右击，打开快捷菜单，菜单中常用的菜单及其提供的功能主要有：

①复制命令。复制一个工具箱或者工具（仅在自定义工具箱）。

②粘贴命令。将复制的工具箱或者工具粘贴到其他工具箱里。

③移除命令。将不需要的工具箱或者工具移除。

④重命名命令。重命名工具箱或者工具。

⑤新建命令。在自定义工具箱或工具集中新建工具集或模型。

⑥添加命令。向自定义工具箱或工具集中添加脚本和工具。

第 10 步　关闭 ArcToolbox，退出 ArcCatalog

单击 ArcToolbox 窗口右上角的 按钮，关闭 ArcToolbox 窗口；单击 ArcCatalog 窗口右上角的 按钮，退出 ArcCatalog。

四、成果提交

做出书面报告，包括操作过程和结果以及心得体会，具体内容如下：

1. 简述 ArcMap、ArcCatalog、ArcToolbox 基本操作过程，并附上每一步的操作结果图片。

2. 回顾操作过程中的心得体会，遇到的问题及解决方法。

拓展知识

国内外主要 GIS 软件平台

名称	开发单位	简介
ArcGIS	美国环境系统研究所（ESRI）	影响广、功能强、市场占有率高。ARC/INFO 可运行于各种平台上，包括 SUN Solaris、SGI IRIX、Digital Unix、HP UX、IBM AIX、Windows NT（Intel/Alpha）等。在各种平台上可直接共享数据及应用。ARC/INFO 实行全方位的汉化，包括图形、界面、数据库，并支持 NLS（Native Language System），实现可重定义的自动语言本地化
MapInfo	美国 MapInfo Corporation	完善丰富的产品线；稳定的产品性能；广泛的业界支持；广大的用户群体；良好的易用性，产品贴近用户；与其他技术的良好融合；良好的可持续发展；极高的新技术敏感度；良好的本地化技术支持；极高的性价比
Titan GIS	加拿大阿波罗科技集团、北京东方泰坦科技有限公司	是加拿大阿波罗科技集团面向中国市场推出的一套功能先进、算法新颖、使用灵活和完善的地理信息系统开发软件。集中了目前国际上优秀的地学软件的优势，广泛使用了目前国际上先进的软件技术及工具。泰坦（Titan）不但是一套运行效率高、性能稳定、算法先进的通用 GIS 软件，而且针对中国用户使用 GIS 的特点，专门提供了一系列灵活方便的开发工具，为不同领域的 GIS 用户提供了极大方便

(续)

名称	开发单位	简介
MAPGIS	中国地质大学信息工程学院、武汉中地信息工程有限公司	是一个工具型地理信息系统，具备完善的数据采集、处理、输出、建库、检索、分析等功能。其中，数据采集手段包括了数字化、矢量化、GPS 输入、电子平板测图、开放式数据转换等；数据处理包括编辑、自动拓扑处理、投影、变换、误差校正、图框生成、图例符号整饰、图像镶嵌配准等方面的几百个功能；数据输出既能够进行常规的数据交换、打印，也能够进行版面编排、挂网、分色、印刷出高质量的图件；数据建库可建立海量地图库、影像地图库、高程模型库，实现三库合一；分析功能既包括矢量空间分析，也包括对遥感影像、DEM、网络等数据的常规分析和专业分析。MapGIS 不仅功能齐全，而且具有处理大数据量的能力，MapGIS 可以输出印刷超大幅面图件，各种数量（如点数、线数、结点数、区数、地图库中的图幅数等）均可超过 20 亿个，对数据量的唯一限制可能是磁盘的存储容量。MapGis 还具有二次开发能力，提供了丰富的 API 函数、C++ 类、组件供二次开发用户选择
GeoStar	武汉武大吉奥信息工程技术有限公司	是武汉吉奥信息工程公司所开发的地理信息系统基础软件吉奥之星系列软件的核心(基本)板块。用于空间数据的输入、显示、编辑、分析、输出和构建与管理大型空间数据库。GeoStar 最独特的优点在于矢量数据、属性数据、影像数据、DEM 数据高度集成。这种集成面向企业级的大型空间数据库。矢量数据、属性数据、影像数据和 DEM 数据可以单独建库，并可进行分布式管理。通过集成化界面，可以将四种数据统一调度，无缝漫游，任意开窗放大，实现各种空间查询与处理
SuperMap GIS	北京超图地理信息技术有限公司	SuperMap GIS 由多个软件组成，形成适合各种应用需求的完整的产品系列。SuperMap GIS 提供了包括空间数据管理、数据采集、数据处理、大型应用系统开发、地理空间信息发布和移动/嵌入式应用开发在内的全方位的产品，涵盖了 GIS 应用工程建设全过程
GeoBeans	北京中遥地网信息技术有限公司	采用目前国际上的主流计算机技术，独立开发的具有自主版权的网络 GIS 开发平台软件，能为不同用户提供一体化的网络 GIS 解决方案。基于当前最先进的 Internet/Intranet 的分布式计算环境，考虑 GIS 未来发展方向，参考 OpenGIS 规范，地网 GeoBeans 采用与平台无关的 Java 语言 JavaBeans 构件模型以及 Com 组件模型，可在多种系统平台上运行

自主学习资源库

1. GIS 空间站. http://www.gissky.net
2. 地理信息论坛. http://www.gisforum.net
3. "3S" 技术联盟网. http://www.3shr.com/bbs/
4. 中国社区. http://training.esrichina–bj.cn/ESRI
5. 国家基础地理信息系统. http://nfgis.nsdi.gov.cn/
6. 中国 GIS 资讯网. http://www.gissky.com/bbs/index.asp
7. "3S" 软件论坛 http://bbs.eemap.org/forumdisplay.php?fid=11

参考文献

刘南，刘仁义. 2002. 地理信息系统[M]. 北京：高等教育出版社.
黄杏元，马劲松，汤勤. 2002. 地理信息系统概论[M]. 北京：高等教育出版社.
赵鹏翔，李卫中. 2004. GPS 与 GIS 导论[M]. 杨凌：西北农林科技大学出版社.
袁博，邵进达. 2006. 地理信息系统基础与实践[M]. 北京：国防工业出版社.

项目 2　林业空间数据采集与编辑

本学习项目是一个基础实训项目。GIS 在森林资源调查中主要是用来建立空间数据库。通过本项目"林业空间数据采集""林业空间数据库创建""林业空间数据编辑"以及"林业空间数据拓扑处理"四个任务的学习,要求学生能够熟练掌握空间数据库的创建方法、林业空间数据的采集、编辑以及拓扑检查处理方法。

知识目标

(1) 了解林业地理数据库、拓扑等的含义。
(2) 掌握林业地理数据库的创建方法。
(3) 掌握林业空间数据的采集、编辑操作步骤。
(4) 掌握林业空间数据的拓扑处理和检查方法。

技能目标

(1) 能熟练应用 ArcCatalog 进行空间数据库创建。
(2) 能熟练应用 ArcMap 对栅格数据进行地理配准。
(3) 能熟练应用 ArcMap 进行图形矢量化操作。
(4) 能熟练应用 ArcMap 进行图形数据和属性数据的编辑。
(5) 能熟练应用 ArcMap 对空间数据进行拓扑检查及拓扑错误的修改。

任务1　林业空间数据采集

☞ **任务描述**　数据采集是将现有的地图、外业调查成果、航片、遥感图像、文本资料等不同来源的数据转成计算机可以处理与接收的数字形式。数据采集分为属性数据采集和图形数据采集。对于属性数据的采集经常是通过键盘直接输入；图形数据的采集实际上就是图形数字化的过程。本任务将从数据来源、采集方法、定义空间参考、地理配准以及图形矢量化等方面学习林业空间数据的采集。

☞ **任务目标**　经过学习和训练，能够熟练运用 ArcMap 软件对地形图进行地理配准，并运用 ArcScan 进行等高线矢量化。

知识链接

2.1.1　空间数据采集基础知识

2.1.1.1　空间数据的来源

GIS 中的数据来源和数据类型繁多，概括起来主要有以下 6 种类型：

(1) 地图数据

主要来源于各种类型的普通地图和专题地图。地图的内容丰富，实体间的空间关系直观，实体的类别或属性清晰，可以用各种不同的符号加以识别和表示。在图上还具有参考坐标系统和投影系统，用它表示地理位置准确，精度较高。主要用于生成 DLG、DRG 数据或 DEM 数据。

(2) 遥感影像数据

主要来源于航天（卫星）和航空遥感的遥感影像数据，是 GIS 的有效的数据源之一。其特点是可以快速准确地获得面积大、综合性强、有一定周期性（主要指卫片）的各种专题信息。遥感影像数据经识别处理可以直接进入地理信息系统数据库。它主要用于生成数字正射影像数据以及 DEM 数据等。

(3) 数字化测绘数据

来源于测绘仪器工具的实测数据，如 GPS 点位数据、地籍测量数据等，是 GIS 的一个很准确和现实的资料，可以通过转换直接进入 GIS 的地理数据库，便于进行实时的分析和进一步的应用。

(4) 统计数据

来源于不同领域（如人口数量、人口构成、国民生产总值、基础设施建设、主要地物等）的大量统计资料，是 GIS 属性数据的重要来源。

(5) 数字资料

来源于各种专题图件。对数字数据的采用需注意数据格式的转换和数据精度、可信度的问题。

(6) 文本资料

来源于各行业部门的有关法律文档、行业规范、技术标准、条文条例等。在土地资源管理信息系统、灾害监测信息系统、水质信息系统、森林资源管理信息系统等专题信息系统中，各种文字说明资料对确定专题内容的属性特征起着重要的作用。

根据反映对象特征的不同，空间数据可分为：图形数据（图形位置关系）、关系数据（数据之间的关联）、属性数据（地理现象的特征）和元数据（各类纯数据，通过调查、推理、分析和总结得到的有关数据的数据，包括数据来源、数据权属、数据产生的时间、数据精度、数据分辨率、源数据比例尺、数据转换方法）等，不同类型的空间数据在计算机中是以不同的空间数据结构存储的。

2.1.1.2 空间数据的格式

ArcGIS 空间数据的表现形式是点、线、面及其组合体。表现方式是矢量数据和栅格数据。

矢量数据用于表达既有大小又有方向的地理要素，是用离散的坐标来描述现实世界的各种几何形状的实物。常见的数据格式有 Shpefile 文件、Coverage 文件、GeoDatabase 文件等。

栅格数据是按照网格模块的行与列排列的阵列数据，在网格中存储一定的像元值来模拟现实世界。常见数据格式有 Grid、Image、Tiff 等影像格式。

2.1.2 空间数据采集的方法

空间数据采集是指将非数字化形式的各种信息通过某种方法数字化，并经过编辑处理，变为系统可以存储管理和分析的形式。它的任务就是将地理实体的图形数据和属性数据输入到地图数据框中。

2.1.2.1 图形数据的采集

图形数据的采集往往采用矢量化的方法，主要包括手扶跟踪矢量化和扫描跟踪矢量化两种方法。其中手扶跟踪矢量化由于对复杂地图的处理能力较弱、效率不高、精度较低等原因，目前已基本被淘汰；扫描跟踪矢量化由于其作业速度快、精度高，操作人员工作强度较低等原因，已经成为常用的地图数据采集方法。

扫描跟踪矢量化的基本过程是：首先使用扫描仪及相关软件对纸质地图扫描成栅格图像，然后经过几何纠正、噪声消除、线细化、地理配准等一系列处理后，即可进行矢量化。

2.1.2.2 属性数据的采集

属性数据的采集主要采用键盘输入、属性数据表连接等方法。当数据量较小时，可将属性数据与实体图形数据记录在一起，而当数据量较大时，属性数据与图形数据应分别输入并分别存储，检查无误后转入到数据库中。在进行属性数据输入时，一般使用商品化关系型数据库管理系统如 Microsoft SQL、Oracle、FoxPro 等，根据实体属性的内容定义数据库结构，再按表格一个实体一条记录的输入。特别重要的是，当将实体图形数据和属性数据分别组织和存储时,应给每个空间实体赋予一个唯一标识符(即进行编码),该标识符分别存储在实体图形数据记录与属性数据记录中,以便于这两者的有效连接。

2.1.3 空间参考

空间参考是 GIS 数据的骨骼框架,是用于存储各要素类和栅格数据集坐标属性的坐标系统。

2.1.3.1 坐标系统

坐标系统是以地球参考椭球为依据建立的,是一个二维或三维的参考系,用于定位坐标点。一般采用两种方式:地理坐标系统(经纬度)和投影坐标系统(X、Y)。

(1)地理坐标系统

地理坐标系统(GCS)是用一个三维的球面来确定地物在地球上的位置,地面点的地理坐标有经度、纬度、高程构成。地理坐标系统与选择的地球椭球体和大地基准面有关。椭球体定义了地球的形状,而大地基准面确定了椭球体的中心。

下面是"1980 国家大地坐标系"地理坐标系统的空间参考描述:

Angular Unit:Degree(0.0174532925199433)

Prime Meridian:Greenwich(0.0)

Datum:D_Xian_1980

Spheroid:Xian_1980

Semimajor Axis:6378140.0

Semiminor Axis:6356755.288157528

Inverse Flattening:298.257

其中"Angular Unit:Degree(0.0174532925199433)"这行信息描述了该坐标系统的单位,此处为度。

"Datum:D_Xian_1980"这行信息描述了坐标系统的大地基准面,此处为西安1980大地基准面,其坐标原点在陕西省西安市以北泾阳县永乐镇北洪流村。

后面几行信息描述了椭球体的参数,包括长、短半轴长度以及偏心率。

(2)投影坐标系统

投影坐标系统(PCS)使用基于 X、Y 值的坐标系统来描述地球上某个点所处的位置,是从地球的近似椭球体投影得到的,它对应于某个地理坐标系。具体由地理坐标系和投影方法确定。在该坐标系统中,由于投影坐标是将球面展开在平面上,因此不可避免会产生变形。这些变形包括 3 种:长度变形、角度变形以及面积变形。通常情况下投影转换都是在保证某种特性不变的情况下牺牲其他属性。根据变形的性质可分为等角投影、等面积投影等。

我国的基本比例尺地形图中,大于或等于 1:50 万均采用高斯—克吕格投影(Gauss_Kruger),又称横轴墨卡托投影(Transverse Mercator);1:100 万的地形图采用正轴等角圆锥投影,又称兰勃特投影(Lambert Conformal Conic)。下面对高斯克吕格投影进行简单的介绍。

高斯—克吕格投影(Gauss_Kruger)属于等角横切椭圆柱投影,是设想用一个椭圆柱横套在地球椭球的外面,并与设定的中央经线相切。其经纬线互相垂直,变形最大处位于赤道与投影带最外一条经线的交点上，常用于纬度较高地区。

高斯—克吕格投影分带规定：该投影是我国国家基本比例尺地形图的数学基础，为了将投影变形控制在允许的范围内，采用分带投影的方法，规定以经差在6度或3度来限定投影带的宽度，简称6度带或3度带。比例尺1:2.5万~1:50万图上采用6度分带，对比例尺为1:1万及更大比例尺地形图采用3度分带，以保证必要的精度。

6度分带法：如图2-1所示，从格林威治零度经线起，每6度为一个投影带，全球共分为60个投影带，用数字1~60顺序编号，中央经线依次为3°、9°、15°、…、357°，其投影代号n和中央经线经度L_0的计算公式为：$L_0 = 6n - 3$。

3度分带法：如图2-1所示，从东经1°30′起，每3度为一带，将全球划分为120个投影带并顺序编号。中央经线依次为3°、6°、9°、…、360°，各带中央经线计算公式：$L_0' = 3n'$。

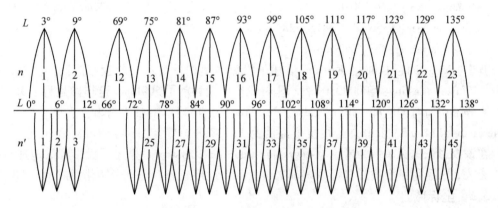

图 2-1　高斯—克吕格投影的分带示意图

高斯—克吕格坐标中，纵坐标以赤道为零起算，赤道以北为正，以南为负。我国位于北半球，纵坐标均为正值。横坐标如以中央经线为零起算，中央经线以东为正，以西为负，为了避免横坐标出现负值，故规定将坐标纵轴西移500km当作起始轴，凡是带内的横坐标值均加500km。由于高斯—克吕格投影每一个投影带的坐标都是对本带坐标原点的相对值，所以各带的坐标完全相同，为了区别某一坐标系统属于哪一带，在横轴坐标前加上带号，如（423189m，2165593m），其中21即为带号。

我国地处东经73°~135°，6度带范围跨11个投影带，分别为13~23带。3度带范围跨22个投影带，分别为24~45带。

山西省位于东经110°13′55.2″~114°37′21.5″，6度带范围跨2个投影带，即19和20带，各带中央经线分别为111°和117°。3度带范围跨三个投影带，分别为37、38和39带。

如：19340000，前面两位数19是带号，表示6度带，此时该幅图的中央经线是19×6-3=111度。

又如：38340000，前两位38是带号，表示3度带，则其中央经线是：38×3=114度。

下面是"1980国家大地坐标系"投影坐标系统的空间参考描述：

Xian_ 1980_ 3_ Degree_ GK_ CM_ 114E

Projection：Gauss_ Kruger

False_ Easting：500000.0

False_ Northing：0.0

Central_ Meridian：114.0

Scale_ Factor：1.0

Latitude_ Of_ Origin：0.0

Linear Unit：Meter（1.0）

Geographic Coordinate System：GCS_ Xian_ 1980

Angular Unit：Degree（0.0174532925199433）

Prime Meridian：Greenwich（0.0）

Datum：D_ Xian_ 1980

Spheroid：Xian_ 1980

Semimajor Axis：6378140.0

Semiminor Axis：6356755.288157528

Inverse Flattening：298.257

其中"Projection：Gauss_ Kruger"描述了投影的类型，表示当前投影为高斯—克吕格投影。"False_ Easting：500000.0"表示坐标纵轴向西移动了500km，这样做是为了保证在该投影分带中所有 x 值都为正。"False_ Northing：0.0"表示横轴没有发生位移。"Central_ Meridian：114.0"表示中央经线位于经度为114度的位置。"Linear Unit：Meter（1.0）"表示在该投影下坐标单位为米。"Geographic Coordinate System：" 描述了投影源的地理坐标系统参数。可见每一个投影坐标系统都必会由一个地理坐标系统投影转化而成的。

2.1.3.2 坐标域

坐标域是一个要素类中，X、Y、Z 和 M 坐标的允许取值范围。通常定位时要用 X、Y 坐标，Z 坐标用于储存高程值(3D 分析用)，M 坐标用于储存里程值(线性参考用)。

在 GeoDatabase 中，空间参考是独立要素和要素集的属性，要素集中的要素类必须应用要素集的空间参考。空间参考必须在要素类或要素集的创建过程中设置，一旦设置完成，只能修改坐标系统，无法修改坐标域。

2.1.3.3 ArcGIS 中的坐标系统

(1) 北京 1954 坐标系

在 Coordinate Systems \ Projected Coordinate Systems \ Gauss Kruger \ Beijing 1954 目录中，可以看到4种不同的命名方式：

①Beijing 19543 Degree GK CM 111E. prj，表示3度分带法的北京54坐标系，中央经线在东经111°的分带坐标，横坐标前不加带号；

②Beijing 19543 Degree GK Zone 37. prj，表示3度分带法的北京54坐标系，分带号为37，横坐标前加带号；

③Beijing 1954 GK Zone 19N. prj，表示6度分带法的北京54坐标系，分带号为19，横坐标前不加带号；

④Beijing 1954 GK Zone19. prj，表示6分带法的北京54坐标系，分带号为19，横坐标前加带号。

(2)西安1980坐标系

在 Coordinate Systems \ Projected Coordinate Systems \ Gauss Kruger \ xian 1980 目录中，我们可以看到4种不同的命名方式：

①Xian 1980 3 Degree GK CM 111E. prj，表示3度分带法的西安80坐标系，中央经线在东经111°的分带坐标，横坐标前不加带号；

②Xian 1980 3 Degree GK Zone 37. prj，表示3度分带法的西安80坐标系，分带号为37，横坐标前加带号；

③Xian 1980 GK CM 111E. prj，表示6度分带法的西安80坐标系，中央经线在111°的分带坐标，横坐标前不加带号；

④Xian 1980 GK Zone19. prj，表示6度分带法的西安80坐标系，分带号为19，横坐标前加带号。

2.1.4 地理配准

2.1.4.1 地理配准简介

扫描得到的地图数据通常不包含空间参考信息。地理配准就是用影像上参考点和控制点建立对应关系，将影像平移、旋转和缩放，定位到所给定的平面坐标系统中去，使影像的每一个像素点都具有真实的实地坐标，具有可量测性。

地理配准分为影像配准和空间配准（校正）。影像配准的对象是栅格图（扫描地图、航片、卫片等），配准后的图可以保存为 ESRI GRID、TIFF 或 ERDAS IMAGINE 格式，空间配准是对矢量数据进行配准。

地理配准时，是在 ArcMap 应用程序里进行。工作时必须打开地理配准工具条，基本过程是在栅格图像中选取一定数量（3个以上）的控制点，将它们的坐标指定为矢量数据中对应点的坐标（在空间数据中，这些点的坐标是已知的，坐标系统为地图坐标系）。

控制点选取时，通常是选择地图中经纬线网格的交点、千米网格的交点或者一些典型地物的坐标，也可以将手持 GPS 采集的点坐标作为控制点。在进行地理配准时，控制点的坐标可以输入 X、Y 坐标，也可以输入经纬度坐标。选择控制点时，要尽可能使控制点均匀分布于整个网格图像，而不是只在图像的某个较小区域选择控制点，最好成三角形。控制点的数量最少3个点，但是过多的控制点并不一定能够保证高精度的配准。通常，先在图像的4个角选择4个控制点，然后在中间的位置有规律地选择一些控制点能得到较好的效果。地理配准的具体步骤将在任务实施2.1里面详细介绍。

2.1.4.2 地理配准工具条

启动 ArcMap，在主菜单中单击【自定义】→【工具条】→【地理配准】，加载【地理配准】工具条，如图 2-2 所示，其对应的功能见表 2-1。

图 2-2 【地理配准】工具条

表 2-1 【地理配准】工具条功能

图标	名称	功能
	地理配准	包括更新地理配准、纠正、适应显示范围等选项
	图层	选择要配准的图层
	添加控制点	添加控制点
	自动对位	自动创建链接
	选择链接	选择链接
	缩放至所选链接	缩放至所选链接
	删除链接	删除所选链接
	查看器	查看要进行地理配准的栅格图层
	查看链接表	查看控制点的链接表
	旋转	旋转要配准的图像
	测量	输入旋转、平移或重设比例值

2.1.5 ArcScan 矢量化

ArcScan 是 ArcGIS 中一个把扫描栅格文件(图形文件)转化为矢量 GIS 图层的工具,这个过程可以交互式或自动进行。ArcScan 是 ArcInfo、ArcEditor 和 ArcView 中的栅格数据矢量化扩展。它提供了一套强大的易于使用的栅格矢量化工具,使用它可以通过捕捉栅格要素,以交互追踪或自动的方式直接通过栅格影像创建矢量数据。

2.1.5.1 ArcScan 使用前提

①栅格图像必须经过地理配准,激活 ArcScan 扩展模块,打开 ArcScan 工具条;

②ArcMap 中添加了至少一个栅格数据层(*.tiff 或 *.img 格式图像)和至少一个矢量要素数据层(可以是点、线或面);

③栅格数据必须进行过二值化处理(将栅格图像的符号化方案设置成黑白两种颜色的图片);

④编辑器处于开始编辑状态。

2.1.5.2 ArcScan 工具条

在主菜单中单击【自定义】→【工具条】→【ArcScan】,加载【ArcScan】工具条,如图 2-3 所示,其对应的各选项功能见表 2-2。

图 2-3 【ArcScan】工具条

表 2-2 【ArcScan】工具条各选项功能

图标	名称	功能
	栅格	选择栅格图层
	编辑栅格捕捉选项	设置栅格颜色、栅格线宽度、栅格实体直径等选项
	矢量化	包括矢量化设置、显示预览、生成要素以及选项设置
	在区域内部生成要素	在选定区域内部生成要素
	矢量化追踪	单击鼠标进行矢量化追踪
	点间矢量化追踪	在点之间进行矢量化追踪
	形状识别	自动识别栅格图像上地物的形状并生成对应的矢量要素
	栅格清理	生成要素前对栅格图像进行编辑,包括开始清理、停止清理、栅格绘画工具条、擦除所选像元、填充所选像元等选项
	像元选择	对栅格图像像元的选择操作,一般与栅格清理菜单中的工具结合使用。包括选择已连接像元、交互选择目标、清除所选像元、将选择另存为等选项
	选择已连接像元	选择已连接像元
	查看已连接像元的区域	查找已连接单元的面积(以像素为单位)
	查找已连接像元包括矩形的对角线	查找从单元范围的一角到另一角的对角线距离
	栅格线宽度	显示栅格线的宽度,以便确定一个适当的最大线宽度值设置

任务实施　地形图的配准

一、目的与要求

通过地形图的配准,使学生熟练掌握使用影像配准(Georeferencing)工具进行地形图的地理配准。

二、数据准备

山西林业职业技术学院东山实验林场 1∶10000 地形图(9 张),图片格式为 jpg。

三、操作步骤

第 1 步　加载数据和影像配准工具

①打开 ArcMap,在工具栏空白处右击鼠标,在弹出菜单中选择"地理配准"工具条。

②单击【 添加数据】按钮,添加地形图数据(位于"…\prj02\任务实施 2-1\data")打开添加数据对话框,在列表中选中需要进行配准的地形图 J49G048077.jpg,单击【添加】按钮,打开【创建金字塔】对话框,如图 2-4 所示,单击【是】按钮,完成地形图的加载,这时会发现"影像配准"工具栏中的工具被激活,结果如图 2-5 所示。

图 2-4　【创建金字塔】对话框

图 2-5　加载地形图结果

图 2-6　输入控制点

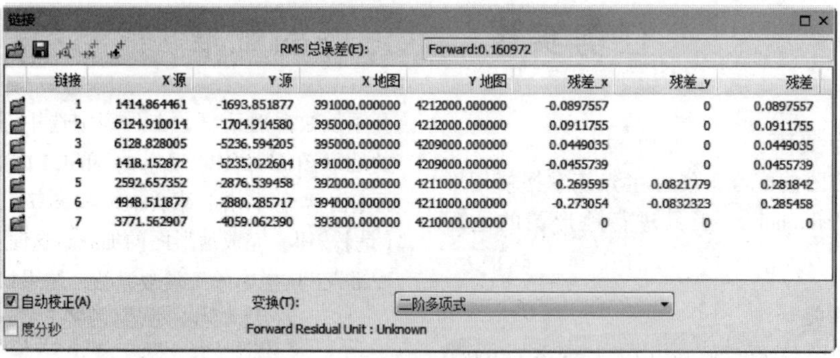

链接	X源	Y源	X地图	Y地图	残差_x	残差_y	残差
1	1414.864461	-1693.851877	391000.000000	4212000.000000	-0.0897557	0	0.0897557
2	6124.910014	-1704.914580	395000.000000	4212000.000000	0.0911755	0	0.0911755
3	6128.828005	-5236.594205	395000.000000	4209000.000000	0.0449035	0	0.0449035
4	1418.152872	-5235.022604	391000.000000	4209000.000000	-0.0455739	0	0.0455739
5	2592.657352	-2876.539458	392000.000000	4211000.000000	0.269595	0.0821779	0.281842
6	4948.511877	-2880.285717	394000.000000	4211000.000000	-0.273054	-0.0832323	0.285458
7	3771.562907	-4059.062390	393000.000000	4210000.000000	0	0	0

图 2-7　【链接】对话框

第 2 步　输入控制点

通过读图，在图中找到一些控制点——千米网格的交点。必须从图中均匀地取 3 个以上点（最好是 7 个以上点，点越多则配准的越精确），这些点应该能够均匀分布（但是点也不能太多，否则工作量太大，还影响配准效果）。

①在【地理配准】工具栏上，单击【添加控制点】按钮，在图上精确到找一个控制点点击鼠标左键，然后右击鼠标，打开【输入坐标】对话框，在该对话框中输入该点实际的坐标位置，结果如图 2-6 所示。单击【确定】按钮，完成该控制点的添加。

②用相同的方法，在地形图上增加多个控制点（大于 7 个），输入它们的实际坐标。

③在【地理配准】工具栏上，单击【查看链接】按钮，打开【链接】对话框，如图 2-7 所示。

④检查控制点的残差和 RMS，删除残差特别大的控制点并重新选取控制点。转换方式设定为"二阶多项式"。

⑤单击【保存】按钮，将当前的控制点保存为文本文件，以备使用。

第 3 步　设定数据框的属性

①在【地理配准】下拉菜单中，点击【更新显示】。

②在主菜单中单击【视图】→【数据框属性】，打开【数据框属性】对话框，单击【坐标系】标签，打开【坐标系】选项卡，选择坐标系统为"Xian_1980_3_Degree_GK_CM_114E"。结果如图 2-8 所示。

第 4 步　矫正并重采样栅格生成新的栅格文件

①在【地理配准】菜单下，单击【更新地理配准】，完成地形图的配准。

②或在【地理配准】菜单下，单击【校正】，打开【另存为】对话框，如图 2-9 所示。可以根据设定的变换公式重新采样，另存为一个新的影像文件，并给影像重新命名成新名称，则形成一个新栅格数据。

图 2-9　配准后【另存为】栅格图像对话框

③重复以上步骤，将其余 8 张地形图也进行地理配准。

第 5 步　地形图 ArcScan 矢量化

①添加等高线图层数据（位于"…\prj02\任务实施 2-1\data"）和重新采样后得到的单波段栅格文件（位于"…\prj02\任务实施 2-1\result"），如图 2-10 所示。

②在主菜单栏，单击【自定义】→【扩展模块】，打开【扩展模块】对话框，在"ArcScan"前勾选"√"，表示将 ArcScan 模块打开，如图 2-11 所示；在工具栏空白处右击鼠标，在弹出快捷菜单中勾选"ArcScan"，将 ArcScan 工具条打开，如图 2-3 所示。

图 2-8　【坐标系】选项卡

图 2-10　加载数据后结果

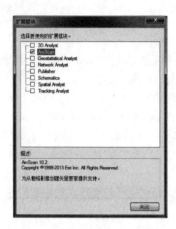

图 2-11 【扩展模块】对话框

③在内容列表中选中地形图，单击鼠标右键→【图层属性】→【符号系统】，在左边的【显示】列表框中，选择【已分类】，在【类别】文本框中选择"2"，【色带】选择"黑白"，如图 2-12 所示。

图 2-12 【地形图图层属性】对话框

④在【标准】工具条上单击 按钮，打开【编辑器】工具条，在【编辑器】工具条上单击【开始编辑】，使得矢量图层（等高线）处于编辑状态。选中等高线，在地形图将调查地区等高线进行矢量化操作。在操作时为了加快工作速度，可用屏幕跟踪矢量化和自动跟踪矢量化结合使用。二者切换用键盘上"Ctrl + X"（撤销的意思）进行。

⑤矢量化完成后，在【编辑器】工具条上，单击【编辑器】→【保存编辑内容】保存矢量化结果。单击【编辑器】→【停止编辑】，停止编辑要素，结果如图 2-13 所示。

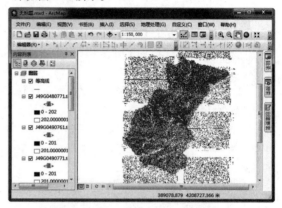

图 2-13 等高线矢量化结果

⑥属性录入。单击标准工具条上按钮 ，单击要输入属性的线要素，单击【编辑器】工具条上的按钮 ，打开【属性对话框】，输入等高线的高程值，使图形数据与属性数据匹配。

四、成果提交

做出书面报告，包括操作过程和结果以及心得体会。具体内容如下：

1. 简述地形图配准和等高线矢量化的操作步骤，并附上每一步的结果影像。

2. 回顾任务实施过程中的心得体会，遇到的问题及解决方法。

任务 2　林业空间数据库的创建

☞ **任务描述**　数据采集后如何将其组织在数据库中，以反映客观事物及其联系，这是数据模型要解决的问题。GIS 就是根据地理数据模型实现在计算机上存储、组织、处理、表示地理数据的。数据模型组织的好坏，直接影响到 GIS 系统的性能。本任务将从创建 Shapefile 和 GeoDatabase 数据库等方面学习林业空间数据库的创建。

☞ **任务目标**　经过学习和训练，使学生能够熟练运用 ArcCatalog 软件创建 Shapefile 文件和 GeoDatabase 数据库，并能够根据需要建立一个满足要求的林业空间数据库。

知识链接

建立数据库不仅是为了保存数据，而主要是为了帮助人们去管理和控制与这些数据相关联的事物。ArcGIS 中的矢量数据格式主要有 Shapefile 和 GeoDatabase 两种。

2.2.1　基本概念

要素(Feature)是空间矢量数据基本的，不可分割的单位，有一定的几何特征和属性。矢量数据有点、线、面、体几种类型。

要素类(Feature Class)在 ArcGIS 中是指具有相同的几何特征的要素集合，比如点、线、面或体等的集合，表现为 Shapefile 或者是 GeoDatabase 中的 Feature Class。

要素数据集(Feature Dataset)指 ArcGIS 中相同要素类的集合，表现为 GeoDatabase 中的 Feature Dataset，在一个数据集中所有的 Feature Class 都具有相同的坐标系统，一般也是在相同的区域。

数据框架(Data Frame)又称图层，是 Feature Class 的表现，由多个要素数据集和要素组成，相当于装载要素数据集和要素的容器。

表(Table)指表示要素各种属性的表(dBase)，里面有许多字段。

2.2.2　Shapefile 文件创建

Shapefile 文件是 ESRI 研发的工业标准的矢量数据格式，一个完整的 Shapefile 文件至少包括 *.shp、*.shx、*.dbf 三个文件。

——*.shp(主文件)，储存地理要素的几何关系的文件。

——*.shx(索引文件)，储存图形要素的几何索引的文件。

——*.dbf(dBase 表文件)，储存要素属性信息的 dBase 表文件。

Shapefile 是一种开放格式,比 coverage 简单得多,没有存储矢量要素间的拓扑关系,需要时通过计算提取。有时还会出现以下文件:

——*.sbn,当执行类似选择"主题之主题","空间连接"等操作,或者对一个主题(属性表)的 shape 字段创建过一个索引,就会出现这个文件。

——*.ain 和 *.aih,储存地理要素主体属性表或其他表的活动字段的属性索引信息的文件。当执行"表格连接(link)"操作,下面两个文件就会出现:

——*.prj,坐标系定义文件。

——*.xml,元数据文件。

创建 Shapefile 文件前应该设计好要素中点、线、面文件对应的数据要素是什么,它将有哪些属性字段,便于将这些不同类型属性内容添加到属性表的字段中。

可以使用 ArcCatalog 和 ArcMap 两种方法创建新的 Shapefile 和 dBase 表。

2.2.2.1 使用 ArcCatalog 创建新的 Shapefile

操作步骤如下:

①在 ArcCatalog 目录树中,右击需要创建 Shapefile 的文件夹(位于"…\ prj02 \ 创建 Shapefile \ result");在弹出菜单中,单击【新建】→【Shapefile】,打开【创建新 Shapefile】对话框,如图 2-14 所示。

②在【创建新 Shapefile】对话框中,设置文件【名称】和【要素类型】。要素类型可以为点、折线、面、多点和多面体。

图 2-14 【创建新 Shapefile】对话框

图 2-15 【空间参考属性】对话框

③单击【编辑】按钮,打开【空间参考属性】对话框,在该对话框中,坐标系统选择为"Xian_ 1980_ 3_ Degree_ GK_ CM_ 114E",如图 2-15 所示。

④单击【确定】按钮,关闭【空间参考属性】对话框。

⑤单击【确定】按钮,完成新建 Shapefile 文件的操作。

2.2.2.2 使用 ArcMap 创建新的 Shapefile

在 ArcMap 目录窗口中,右击需要创建 Shapefile 的文件夹(位于"…\ prj02 \ 创建 Shapefile \ result");在弹出菜单中,单击【新建】→【Shapefile】,打开【创建新 Shapefile】对话框,剩余操作方法与 ArcCatalog 创建新的 Shapefile 文件相同。

2.2.3 GeoDatabase 的创建

2.2.3.1 空间数据库的基本知识

数据库是指为了一定的目的，在计算机系统中以特定的结构组织、存储和应用相关联的数据集合。数据库是一个信息系统的重要组成部分，是数据库系统的简称。

空间数据库是关于某一区域内一定地理要素特征的数据集合，是地理信息系统在计算机物理存储与应用相关的地理空间数据的总和。一般是以一系列特定结构的文件形式组织在存储介质之上的。

地理数据库(GeoDatabase)是为了更好地管理和使用地理要素数据，而按照一定的模型和规则组合起来的存储空间数据和属性数据的"容器"，是一种面向对象的空间数据模型。地理数据库是按照层次型的数据对象来组织地理数据，这些数据对象包括对象类（Object Class）、要素类（Feature Classes）、要素数据集（Feature Dataset）和关系类（Relationship Classes），如图 2-16 所示。

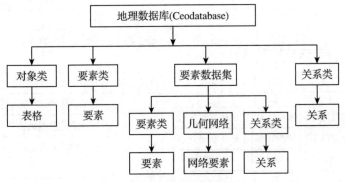

图 2-16 地理数据库结构

GeoDatabase 是 ArcGIS 数据模型发展的第三代产物，它是面向对象的数据模型，能够表示要素的自然行为和要素之间的关系。也可以将其看做是一种数据格式，它是将矢量、栅格、地址、网络和投影信息等数据一体化储存和管理。

GeoDatabase 其类型有：个人地理数据库(.mdb)、文件地理数据库(.gdb)和企业地理数据库，三者的区别如图 2-17 所示。GeoDatabase 是一种数据格式，将矢量、栅格、地址、网络和投影信息等数据一体化存储和管理。

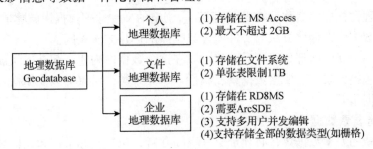

图 2-17 数据库类型

2.2.3.2 地理数据库(GeoDatabase)设计

空间数据库设计是指将地理空间实体以一定的组织形式在数据库系统中加以表达的过程,也就是地理信息系统中空间课题数据的模型化问题。它是建立地理数据库的第一步,主要设计地理数据库将要包含的地理要素、要素类、要素数据集、非空间对象表、几何网络类、关系类以及空间参考系统等。如在林业生产中根据此思路,建立的地理数据库(GeoDatabase)的数据层次和类型。如图2-18所示,可知建立的地理数据库主要包含空间数据和属性数据两类。在进行地理数据库的设计时,应该根据项目的需要进行规划设计一个地理数据库的投影、是否需要建立数据的修改规则、如何组织对象类和子类、是否需要在不同类型对象间维护特殊的关系、数据库中是否包含网络、数据库是否存储定制对象等。

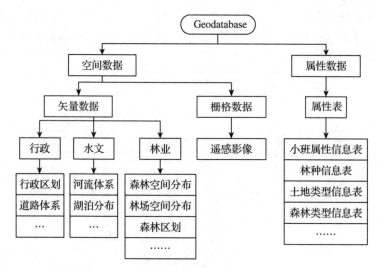

图2-18 林业地理数据库所包含的内容

2.2.3.3 创建地理数据库

创建地理数据库的操作步骤如下:

①在 ArcCatalog 目录树中,右击要建立地理数据库的文件夹(位于"…\prj02\创建 GeoDatabase"),在弹出菜单中,单击【新建】→【■文件地理数据库】,创建一个新的文件地理数据库。

②输入地理数据库的名称后按 Enter 键,一个空的文件地理数据库就建成了。

个人地理数据库的创建方法与文件地理数据库的创建方法相同。

在建立了一个新的地理数据库后,就可以在这个数据库内建立起基本组成项。数据库的基本组成项包括要素类、要素数据集、属性表、关系类、对象类以及栅格目录、镶嵌数据集、栅格数据集等。

2.2.3.4 创建要素数据集

建立一个新的要素数据集,必须定义其空间参考,包括坐标系统和坐标域。数据集中所有要素类用相同的空间参考,所有要素类的所有要素坐标要求在坐标域范围内。在定义坐标系统时,可以选择预先定义的坐标系,或者以已有的要素数据集的坐标系或独立要素类的坐标系作为模板,或者自己定义。定义了要素数据集空间参考之后,该数据集中新建要素类时不需要再定义其空间参考，直接使用数据集的空间参考。

创建要素数据集的操作步骤如下：

①在 ArcCatalog 目录树中，右击需要建立新要素集的地理数据库（位于"…\prj02\创建 GeoDatabase\新建文件地理数据库.gdb"），在弹出菜单中，单击【新建】→【要素数据集】，打开【新建要素数据集】对话框，如图 2-19 所示。

②在【新建要素数据集】对话框中，输入要素数据集【名称】。

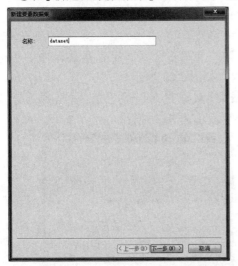

图 2-19 【新建要素数据集】对话框

图 2-20 设置坐标系统对话框

③单击【下一步】按钮，打开选择坐标系对话框，可以选择地理坐标系、投影坐标系或不设置参考坐标系，此处坐标系统选择为"Xian_ 1980_ 3_ Degree_ GK_ CM_ 114E"，如图 2-20 所示。

④单击【下一步】按钮，打开垂直坐标系对话框，如图 2-21 所示。

⑤单击【下一步】按钮，打开相关容差设置对话框，设置【XY 容差】、【Z 容差】及【M

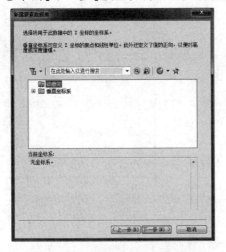

图 2-21 设置垂直坐标系对话框

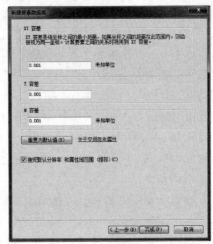

图 2-22 设置容差对话框

容差】值，一般情况下选中【接受默认分辨率和属性域范围(推荐)】复选框，如图 2-22 所示。

⑥单击【完成】按钮，完成要素数据集的创建。

2.2.3.5 建立要素类

要素类分为简单要素类和独立要素类。简单要素类存放在要素集中，使用要素数据集坐标系统，不需要重新定义空间参考。独立要素类存放在数据库中的要素数据集之外，必须重新定义空间参考。

(1)在要素数据集中建立要素类

①在 ArcCatalog 目录树中，右击要建立要素类的要素数据集，在弹出菜单中，单击【新建】→【要素类】，打开【新建要素类】对话框，如图 2-23 所示。

②在【新建要素类】对话框中，输入要素数据集【名称】以及【别名】，并选择要素类型，在【几何属性】区域根据需要选择坐标是否包含 M 值或者 Z 值。

图 2-23 【新建要素类】对话框

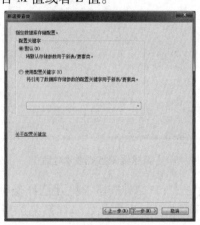

图 2-24 配置关键字对话框

③单击【下一步】按钮，如果是在文件地理数据库的要素数据集中建立要素类时，则弹出配置关键字对话框，如图 2-24 所示，在该对话框中指定要使用的关键字。

④单击【下一步】按钮，打开如图 2-25 所示对话框，如果是在个人地理数据库中建立要素类时，则直接打开如图 2-25 所示对话框。添加要素类字段，设置相应的【字段名】、【数据类型】和【字段属性】。数据类型有短整形、长整形、浮点型、双精度、文本、日期等。

• 短整形：≤9999 自然数，通常用于记数或为分类指定一个编码值。

• 长整形：≤999999999 自然数，通常用于记数或为分类指定一个编码值。

图 2-25 添加字段对话框

• 浮点型：带小数的真实值，通常用于测量或计算的连续数据。

• 双精度：带小数的真实值，通常用于测量或计算的连续数据。

• 文本：编码类、文本类，储存编码值或描述文本，数字字符存储为字节。

- 日期：日期类，时间类，通常用于时间方面的数据。

⑤单击【完成】按钮，完成要素类的创建。

依据上述方法，创建线型和面型要素类。

（2）独立要素类的创建

①在 ArcCatalog 目录树中，右击要建立要素类的地理数据库，在弹出菜单中，单击【新建】→【▢要素类】，打开【新建要素类】对话框。

②在【新建要素类】对话框中，输入要素数据集【名称】以及【别名】，并选择要素类型，如果数据需要 M 值或 Z 值，则选中相应的复选框。

③单击【下一步】按钮，选择要使用的空间参考，或导入要将其空间参考作为模板的要素类或要素数据集。

④单击【下一步】按钮，设置【XY 容差】或接受默认值。如果第二步选择了具有 M 值或 Z 值，则输入【M 容差】或【Z 容差】。

⑤单击【下一步】按钮，如果是在文件地理数据库的要素数据集中建立要素类时，则弹出定义配置关键字对话框，单击【下一步】按钮，弹出添加字段对话框。

⑥在对话框中添加要素类字段，设置相应的【字段名】、【数据类型】和【字段属性】。

⑦单击【完成】按钮，完成要素类的创建。

2.2.4　GeoDatabase 的数据操作

在 GeoDatabase 中维护空间数据，可以通过先新建要素类然后再添加、编辑要素的方法，更常用的是将已经存在的数据导入 GeoDatabase 中。通过 ArcCatalog，可以将 CAD、Table、Shapefile、Coverage 等数据或栅格影像等加载到 GeoDatabase 中。如果已有数据不是上述几种格式，可以用 ArcToolbox 中的工具进行数据格式的转换，再加载到地理数据库中。

2.2.4.1　导入数据

当导入已有的 Shapefile、Coverage、CAD 数据到地理数据库时，就会在数据库中建立一个新的独立要素类，或导入到现有的要素数据集中，如果创建独立要素类，则使用与要导入的要素类相同的空间参考。如果要在现有要素数据集中创建要素类，则新要素类会自动采用与要素数据集相同的空间参考。

（1）导入要素类

导入要素类的操作步骤如下：

①在 ArcCatalog 目录树中，右击要导入 GeoDatabase 中的要素数据集，在弹出的菜单中，单击【导入】。如果导入单个要素，则可以选择【要素类（单个）】；如果要导入多个要素，则可以选择【要素类（多个）】。这里以导入单个要素类为例进行介绍。

②单击【要素类（单个）】，打开【要素类至要素类】对话框，如图 2-26 所示。

③在【输入要素】文本框中输入要转入的要素"面"（位于"…\prj02\新建文件地理数据库.gdb"）。

④在【输出位置】文本框中指定输出路径，在【输出要素类】文本框中指定名称。

⑤单击【确定】按钮，完成要素类的导入。

图 2-26 【要素类至要素类】对话框

(2) 导入栅格数据

导入栅格数据的操作步骤如下：

①在 ArcCatalog 目录树中，右击要导入栅格数据的地理数据库，在弹出的菜单中，单击【导入】→【栅格数据集】，打开【栅格数据至地理数据库(GeoDatabase)】对话框，如图 2-27 所示。

图 2-27 【栅格数据至地理数据库(GeoDatabase)】对话框

②在【输入栅格】文本框中添加要转入的栅格数据(位于"…\prj02\任务实施 2-1\result")。

③单击【确定】按钮，完成栅格数据的导入。

2.2.4.2 导出数据

导出要素类并将其导入到其他地理数据库，与在 ArcCatalog 目录树中使用【复制并粘贴】命令将数据从一个地理数据库复制到另一个地理数据库是等效的。这两种方法都会创建新的要素数据集和要素类，并传输所有相关数据。

导出要素类至其他地理数据库的操作步骤如下：

①在 ArcCatalog 目录树中，右击要导出到 GeoDatabase 中的数据，在弹出的菜单中，单击【导出】。如果导出单个要素，则选择【转出至地理数据库(GeoDatabase)(单个)】；如果要导出多个要素，则可以选择【转出至地理数据库(GeoDatabase)(批量)】。

②在【要素类至要素类】对话框中设置参数。在【输入要素】文本框中输入要转入的数

据库位置,在【输出位置】文本框中指定输出路径,在【输出要素类】中输入新要素类名称。

③单击【确定】按钮,完成要素类的导入。

2.2.5 GeoDatabase 的高级操作

2.2.5.1 属性域操作

地理数据库按照面向对象的模型存储地理信息,也可以将其非空间信息保存在表中。对于要素和表可以设置一些规则进行限制,对属性的约束成为属性域。

属性域是描述字段合法值的规则,是一种增强数据完整性的方法,用于约束表或要素类的任意特性属性中的允许值,可分为【范围】和【编码的值】。【范围】可以指定一个范围的值域,即【最大值】和【最小值】。【编码的值】给一个属性指定有效地取值集合,包括两部分内容,一个是存储在数据库中的代码值,一个是代码实际含义的描述性说明。【编码的值】可以应用于任何属性类型,包括文本、数字、日期等。

(1)属性域的创建

创建属性域的操作步骤如下:

①在 ArcCatalog 目录树中,右击新建文件地理数据库(位于"…\prj02\新建文件地理数据库.mdb"),在弹出的菜单中,单击【▢属性】,打开【数据库属性】对话框,单击【属性域】标签,切换到【属性域】选项卡,如图 2-28 所示。

图 2-28 【数据库属性】对话框

②单击【属性域名称】列表框下的空字段输入新域的名称;单击新域的【描述】列表框,然后输入此域的描述。

③在【属性域属性】区域,设置如下参数:

- 【字段类型】,默认值是长整型。
- 【属性域类型】,有【范围】和【编码的值】两种选择。若选择【范围】,则会出现【最小值】和【最大值】;若选择【编码的值】,则需在【编码值】区域,填写编码和对应的描述。

- 【分割策略】和【合并策略】选择默认值。
④单击【确定】按钮，完成属性域的创建。

(2)属性域的删除与修改

在 GeoDatabase 属性域对话框中，可以进行属性域的删除或修改，包括属性域的名称、类型、有效值等。在属性域的建立过程中，建立属性域的用户被记录在数据库中。只有属性域的拥有者才能删除和修改属性域。属性域还可以与要素类、表、子类型的特定字段关联，当一个属性域被一个要素类或表应用时，就不能被删除或修改。

属性域的删除与修改的操作步骤如下：

①在 ArcCatalog 目录树中，右击要删除或修改属性域的地理数据库，在弹出的菜单中，单击【属性】，打开【数据库属性】对话框，单击【属性域】标签，切换到【属性域】选项卡。

②单击选中属性域名称文本框中某一行，如果要删除，直接按 Delete 键；如果要修改，则和上述新建方法一样改变其设置。

③单击【确定】按钮，完成属性域的删除或修改。

(3)属性域的关联

在 GeoDatabase 中，一旦建立了一个属性域后，就可以将其默认值与表或要素类中的字段相关联。属性域与一个要素类或表建立关联以后，就在数据库中建立了一个属性有效规则。

同一属性域可与同一表、要素类或子类型的多个字段相关联，也可以与多个表和要素类中的多个字段相关联。

属性域的关联操作步骤如下：

①在 ArcCatalog 目录树中，右击要关联的要素类 class（位于"…\prj02\新建文件地理数据库.mdb"），在弹出的菜单中，单击【属性】，打开【要素类属性】对话框，单击【字段】标签，切换到【字段】选项卡，如图 2-29 所示。

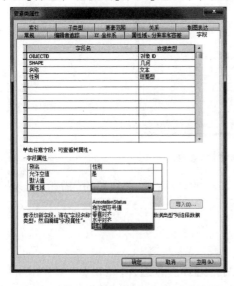

图 2-29 【要素类属性】中的属性域关联

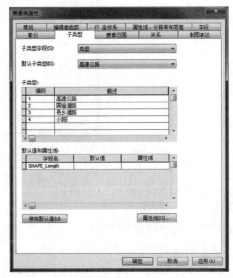

图 2-30 【要素类属性】中的创建子类型

②在【字段名】中选中设置属性域的字段，在【字段属性】区域中单击【属性域】下拉框，选择合适的属性域。

③单击【确定】按钮，完成属性域的关联。

2.2.5.2 子类型操作

子类型是要素类中具有相同属性的要素的子集，或表中具有相同属性的对象的子集。可以通过它对数据进行分类。例如一个线要素可以分为"高速公路""国省道路""县乡道路""小路"4个子类型。

子类型通过创建编码值来实现，因此，它必须与短整型或长整型数据类型的字段相关联。每个整数值代表子类型中的一个要素。

(1) 创建子类型

创建子类型的操作步骤如下：

①在 ArcCatalog 目录树中，右击要添加子类型的要素类"线"（位于"…\prj02\新建文件地理数据库.mdb"），在弹出的菜单中，单击【■属性】，打开【要素类属性】对话框，单击【子类型】标签，切换到【子类型】选项卡，如图 2-30 所示。

②在【子类型字段】下拉框中选择一个子类型的字段，在【编码】列表框中选择空白字段，输入新的子类型编码（整数型）。在【默认值】列表框中输入新建子类型的描述。

③在【默认值和属性域】区域输入每个字段的【默认值】和【属性域】。

④重复以上步骤，添加其他的子类型。

⑤添加新子类型时，单击【使用默认值】按钮，新建的子类型则采用默认子类型的所有【默认值】和【属性域】。

⑥单击【确定】按钮，完成子类型的创建。

(2) 修改子类型

修改子类型的方法与新建方法基本类似，只是创建是在原来没有子类型的基础上新建，而修改是在原有子类型的基础上进行改变，所以步骤和上述步骤基本一致。

2.2.5.3 地理数据库注记操作

地理数据库注记包含两种类型：标准注记和与要素关联的注记。标准注记不与地理数据库中的要素关联，与要素关联的注记与地理数据库中另一个要素类中的特定要素相关联。

(1) 创建标准注记要素类

创建标准注记的操作步骤如下：

①在 ArcCatalog 目录树中，右击要创建注记的地理数据库，在弹出菜单中，单击【新建】→【■要素类】，打开【新建要素类】对话框，如图 2-31 所示。

②在【新建要素类】对话框中，输入要素数据集【名称】以及【别名】，要素类型选择"注记要素"，如图 2-31 所示。

③单击【下一步】按钮，选择要使用的空间参考。

④单击【下一步】按钮，设置【XY 容差】或接受默认值。

⑤单击【下一步】按钮，进入图 2-32 所示对话框，在该对话框中，输入参考比例 1:10000，在【地图单位】下拉框中选择注记所用的单位，此单位应与坐标系指定的单位相匹配。设置是否【需要从符号表中选择符号】。

图 2-31 【新建要素类】对话框

图 2-32 设置注记要素类中得参考比例

⑥单击【下一步】按钮，打开设置注记要素中的注记属性对话框，如图 2-33 所示。在该对话框中，设置"注记类 1"的文本符号属性及比例范围。

图 2-33 设置注记要素类中的注记属性对话框

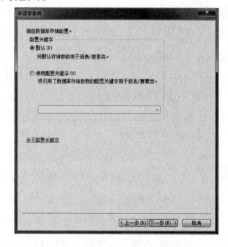

图 2-34 配置关键字对话框

⑦单击【下一步】按钮，打开配置关键字对话框，如图 2-34 所示。在该对话框中，单击【使用配置关键字】单选按钮，然后从下拉框中选择要使用的关键字。如果不想使用自定义存储关键字，请选择【默认】单选按钮。

⑧单击【下一步】按钮，添加字段。

⑨单击【完成】按钮，完成注记要素类的创建。

(2) 创建与要素关联的注记要素类

①在 ArcCatalog 目录树中，右击要创建注记的要素数据集(E：\ prj02 \ 创建 GeoDatabase \ 新建文件地理数据库 . gdb \ dataset)，在弹出菜单中，单击【新建】→【□要素类】，打开【新建要素类】对话框。

②在【新建要素类】对话框中，输入要素数据集【名称】以及【别名】，要素类型选择"注记要素"。选中【将注记与以下要素类进行连接】复选框，在下拉框中选择关联要素类

图 2-35 【新建要素类】对话框　　图 2-36 与要素关联的注记要素类标注设置

"线",如图 2-35 所示。

③单击【下一步】按钮,进入图 2-36 所示对话框,在该对话框中,输入参考比例和地图单位。【标注引擎】选择"ESRI 标准标注引擎"。

④单击【下一步】按钮,打开设置注记属性对话框,如图 2-37 所示。在该对话框中,为"默认"注记类文本选择一个【标注字段】或单击【表达式】来指定多个字段;根据需要设置【文本符号】和【放置属性】,单击【标注样式】按钮,可以加载现有的标注样式。如果要想添加其他注记类,单击【新建】按钮并指定注记类的名称。

图 2-37 设置注记属性对话框

⑤单击【比例范围】按钮,在打开的对话框中指定所显示的注记比例尺范围。

⑥单击【SQL 查询】按钮,在打开的对话框中指定该注记类将只标注关联要素类中符合条件的要素。

⑦单击【下一步】按钮,打开配置关键字对话框,在该对话框中,单击【使用配置关键字】单选按钮,然后从下拉框中选择要使用的关键字。如果不想使用自定义存储关键字,

请选择【默认】单选按钮。

⑧单击【下一步】按钮，添加字段。

⑨单击【完成】按钮，完成注记要素类的创建。

任务实施　林业空间数据库的创建

一、目的与要求

通过林业空间数据库的创建，使学生熟练掌握使用 ArcCatalog 创建满足林业生产需要的空间数据库，其中小班要素类要求设置属性域，道路要素类设置子类型。

二、数据准备

山西林业职业技术学院东山实验林场 1:10000 地形图、外业调查资料。

三、操作步骤

第 1 步　创建地理数据库

①在 ArcCatalog 目录树中，右击要建立地理数据库的文件夹（位于"…\prj02\任务实施 2-2\result"），在弹出菜单中，单击【新建】→【　文件地理数据库】，创建一个新的文件地理数据库。

②输入名称：学号＋姓名（如 2014512305 张三）后按回车键。

第 2 步　建立要素数据集

①右击地理数据库"　2014512305 张三"，在弹出菜单中，单击【新建】→【　要素数据集】，打开【新建要素数据集】对话框，输入要素数据集【名称】：张三 2014512305。

②单击【下一步】按钮，打开选择坐标系对话框，选择投影坐标系：Xian_1980_3_Degree_GK_CM_114E。

③单击【下一步】按钮，打开选择垂直坐标系对话框，此处不选择垂直坐标系。

④单击【下一步】按钮，打开相关容差设置对话框，设置【XY 容差】、【Z 容差】及【M 容差】值，此处均为默认值；选中【接受默认分辨率和属性域范围（推荐）】复选框。

⑤单击【完成】按钮，完成要素数据集的创建。

第 3 步　建立要素类

①右击要素数据集"　张三 2013511305"，在弹出菜单中，单击【新建】→【　要素类】，打开【新建要素类】对话框。

②在【新建要素类】对话框中，输入要素数据集【名称】：林场界，并选择【要素类型】：线要素；在【几何属性】区域选中【坐标包含 Z 值】复选框。

③单击【下一步】按钮，打开定义配置关键字对话框，此处为默认。

④单击【下一步】按钮，打开添加要素类字段对话框，根据需要添加相应字段，并选择数据类型。

⑤单击【完成】按钮，完成林场界要素类的创建。

⑥重复以上步骤，根据要素类型分别创建以下要素类：

- 点要素：高程点；
- 线要素：县界、乡镇界、村界、道路、铁路、河流、等高线；
- 面要素：小班，小班属性数据字段结构见表 2-3；
- 注记要素：行政注记，为标准注记要素类。

表 2-3　小班属性字段结构表

字段名称	存储名称	字段类型	长度	属性域
省	SHENG	文本	4	
市	SHI	文本	4	
县	XIAN	文本	10	
乡镇	XIANG	文本	10	
村	CUN	文本	10	

（续）

字段名称	存储名称	字段类型	长度	属性域
小班	XB	文本	3	
工程类别	GCLB	短整型		√
土地权属	TDQS	短整型		√
林木权属	LMQS	短整型		√
林场	LC	文本	20	
地类	DL	短整型		√
林种	LZ	短整型		√
海拔	HB	浮点型		
坡向	PX	短整型		√
坡度	PD	短整型		
坡位	PW	短整型		√
土壤	TR	文本	20	
土层厚度	TCHD	短整型		√
起源	QY	短整型		√
事权	SQ	短整型		√
保护等级	BHDJ	短整型		√
主要树种	ZYSZ	短整型		√
次要树种	CYSZ	短整型		√
主要树种成数	ZYSZCS	短整型		
林龄	LL	短整型		
林龄组	LLZ	短整型		√
胸径	XJ	浮点型		
树高	SG	浮点型		
郁闭度	YBD	短整型		
蓄积量	XJL	浮点型		
天然更新等级	TRGXDJ	短整型		√
灌木种类	GMZL	短整型		√
灌木盖度	GMGD	短整型		
调查时间	DCSJ	日期型		
调查人员	DCRY	文本	16	
小班面积	XBMJ	浮点型		
作业面积	ZYMJ	浮点型		
居民点	JMD	文本	20	
备注	BZ	文本	20	

第4步 设置子类型

在创建的要素类中,道路要素类需要设置子类型,用以区分道路类型。

①双击道路要素类,打开【要素类属性】对话框,单击【字段】标签,切换到【字段】选项卡,在空白行输入字段名:道路类型,在数据类型下拉框中选择数据类型:短整形。

②单击【确定】按钮,完成字段的创建。

③双击道路要素类,再次打开【要素类属性】对话框,单击【子类型】标签,切换到【子类型】选项卡,在【子类型字段】下拉框中选择:道路类型,在【编码】列表框中输入新的子类型编码(整数型)。在【描述】列表框中输入新建子类型的描述。道路编码见表2-4。

④【默认子类型】选择:国省道路。

⑤单击【确定】按钮,完成道路子类型的设置。

第5步 设置属性域

在创建的要素类中,小班要素类大多数字段需要设置属性域,用以控制属性填写的正确性。

①右击地理数据库"2013511305 张三",在弹出菜单中,单击【属性】,打开【数据库属性】对话框,单击【属性域】标签,切换到【属性域】选项卡。

②单击【属性域名称】列表框下的空字段输入新域的名称;单击新域的【描述】列表框,然后输入此域的描述;在【属性域】区域,设置如下参数。小班要素类需要创建的属性域见表2-5。

③单击【确定】按钮,完成属性域的创建。

④双击小班要素类,打开【要素类属性】对话框,切换到【字段】选项卡,在【字段名】中选中设置属性域的字段,在【字段属性】区域中单击【属性域】下拉框中选择合适的属性域。

⑤单击【确定】按钮,完成属性域的关联。

表2-4 道路编码表

编码	描述
1	高速公路
2	国省道路
3	县乡道路
4	小路

表2-5 小班属性域一览表

名称	描述	字段类型	属性域类型	分割策略	合并策略	编码	描述
工程类别	GCLB	短整型	编码值	默认值	默认值	12	天然林保护工程
						21	三北防护林工程
						26	太行山绿化工程
						27	平原绿化工程
						30	退耕还林工程
						40	京津风沙源治理
						51	野生动植物和自然保护区工程国家级保护区
						52	野生动植物和自然保护区工程地方级保护区
						60	速生丰产用材林基地建设工程
						90	其他林业工程
土地权属	TDQS	短整型	编码值	默认值	默认值	1	国有
						2	集体
						9	争议
林木权属	LMQS	短整型	编码值	默认值	默认值	1	国有
						2	集体
						3	个人
						9	争议

(续)

名称	描述	字段类型	属性域类型	分割策略	合并策略	编码	描述
地类	DL	短整型	编码值	默认值	默认值	111	纯林
						112	混交林
						113	竹林
						114	经济林
						120	疏林地
						131	国家特别规定灌木林地
						132	其他灌木林地
						141	人工造林未成林地
						142	封育未成林地
						150	苗圃地
						161	采伐迹地
						162	火烧迹地
						163	其他无立木林地
						171	宜林荒山荒地
						172	宜林沙荒地
						173	其他宜林地
						174	退耕(牧)地
						180	辅助生产林地
						211	耕地
						212	其他农用地
						220	牧草地
						231	河流
						232	湖泊
						233	水库
						234	池塘
						241	荒草地
						242	盐碱地
						243	沙地
						244	裸土地
						245	裸岩石砾地
						246	滩涂
						247	其他未利用地
						251	工矿建设用地
						252	城乡居民点建设用地
						253	交通建设用地
						254	其他用地

（续）

名称	描述	字段类型	属性域类型	分割策略	合并策略	编码	描述
林种	LZ	短整型	编码值	默认值	默认值	111	水源涵养林
						112	水土保持林
						113	防风固沙林
						114	农用牧场防护林
						115	护岸林
						116	护路林
						117	其他防护林
						121	国防林
						122	实验林
						123	母树林
						124	环境保护林
						125	风景林
						126	名胜古迹和革命纪念林
						127	自然保护区林
						231	短轮伐期用材林
						232	速生丰产用材林
						233	一般用材林
						240	薪炭林
						251	果品林
						252	食用原料林
						253	林化工业原料林
						254	药用林
						255	其他经济林
坡向	PX	短整型	编码值	默认值	默认值	1	北
						2	东北
						3	东
						4	东南
						5	南
						6	西南
						7	西
						8	西北
						9	无坡向
坡位	PW	短整型	编码值	默认值	默认值	1	脊
						2	上
						3	中
						4	下
						5	谷
						6	平

(续)

名称	描述	字段类型	属性域类型	分割策略	合并策略	编码	描述
土层厚度	TCHD	短整型	编码值	默认值	默认值	1	厚
						2	中
						3	薄
起源	QY	短整型	编码值	默认值	默认值	1	天然林
						2	人工林
						3	飞播林
事权	SQ	短整型	编码值	默认值	默认值	1	国家公益林
						2	地方公益林
保护等级	BHDJ	短整型	编码值	默认值	默认值	1	特殊
						2	重点
						3	一般
乔木树种	QMSZ	短整型	编码值	默认值	默认值	120	云杉
						150	落叶松
						200	油松
						210	白皮松
						350	侧柏
						412	辽东栎
						421	白桦
						490	硬阔类
						491	刺槐
						492	槐树
						494	榆树
						530	杨树
						535	柳树
						590	软阔类
						591	山杨
灌木树种	GMSZ	短整型	编码值	默认值	默认值	905	丁香
						910	沙棘
						911	山桃
						912	山杏
						913	绣线菊
						914	荀子木
						915	柠条
						916	黄刺玫
						919	连翘
						920	胡枝子
						923	榛子
						924	虎榛子
						926	忍冬
						928	蚂蚱腿子

（续）

名称	描述	字段类型	属性域类型	分割策略	合并策略	编码	描述
灌木树种	GMSZ	短整型	编码值	默认值	默认值	930	荆条
						937	六道木
						938	照山白
						939	铁线莲
						999	其他
林龄组	LLZ	短整型	编码值	默认值	默认值	1	幼龄林
						2	中龄林
						3	近熟林
						4	成熟林
						5	过熟林
天然更新等级	TRGXDJ	短整型	编码值	默认值	默认值	1	良好
						2	中等
						3	不良

四、成果提交

做出书面报告，包括操作过程和结果以及心得体会。具体内容如下：

1. 简述林业空间数据库创建的操作步骤，并附上每一步的结果影像。

2. 回顾任务实施过程中的心得体会，遇到的问题及解决方法。

任务 3　林业空间数据编辑

☞ **任务描述**　空间数据编辑是对空间数据进行处理、修改和维护的过程。当数据库建立之后，必须对地理数据库进行编辑（地理数据库智能化操作），本任务将从图形数据、注记数据和属性数据的编辑等方面来学习林业空间数据的编辑。

☞ **任务目标**　经过学习和训练，能够熟练运用 ArcMap 软件的各种工具，根据设计要求，对图形数据和属性数据进行编辑。

知识链接

ArcGIS 的数据编辑功能是在 ArcMap 中完成的。ArcMap 提供了强大的数据编辑功能。在 ArcMap 中进行数据编辑的基本步骤是：启动 ArcMap→添加数据库文件→打开编辑工具条→进入编辑状态（开始编辑）→执行编辑操作→结束并保存编辑，关闭编辑会话。

2.3.1　编辑工具

2.3.1.1　编辑器工具条

在 ArcMap 的标准工具条中单击 按钮，打开【编辑器】工具条，如图 2-38 所示。也可在任意工具栏处，单击鼠标右键，在弹出菜单中单击【编辑器】，来打开【编辑器】工具条。

图 2-38　编辑器工具条

【编辑器】工具各工具功能见表 2-6。

表 2-6　编辑器工具及功能

图标	名称	功能
编辑器(R)▼	编辑器	编辑命令菜单
▶	编辑工具	选择要编辑的要素
▶A	编辑注记工具	选择要编辑的要素注记
╱	直线段	创建直线
╭	端点弧段	创建弧线段工具，结束点在圆弧
▱	追踪	创建追踪线要素或面要素的边，创建线要素

(续)

图标	名称	功能
	直角	绘制直角工具
	中点	在线段中点处创建点或折点
	距离—距离	分别以两个点为圆心以指定距离为半径的两个圆的相交处创建点或折点
	方向—距离	用已知点的距离和方向创建点或折点
	交叉点	在线的交点处创建点或折点
	弧段	创建弧线段工具,结束点在端点
	正切曲线段	以某点为切点创建线要素
	贝塞尔曲线	创建贝塞尔曲线要素
	点	创建点要素
	编辑折点	编辑折点
	整形要素工具	修改选择要素
	裁剪面工具	线要素裁剪选中的面要素
	分割工具	分割选择的线要素
	旋转工具	旋转选择要素
	属性	打开属性窗口
	草图属性	打开编辑草图属性窗口
	创建要素	打开创建要素窗口

在编辑器下拉菜单中,有许多编辑时常用的功能区,见表 2-7。

表 2-7 编辑器下拉列表中功能区域及功能

功能区域	功能	功能描述
编辑会话区	开始、停止编辑	提供对编辑会话的启动和停止管理
保存编辑区	保存编辑内容	保存正在编辑的数据
常用命令区	移动、分割、构造点、平行复制、合并、缓冲、联合、裁剪	提供常用的编辑命令
验证要素区	验证要素	验证要素有效性
捕捉设置区	捕捉工具条、选项	提供捕捉工具条及设置捕捉选项
窗口管理区	更多编辑工具和编辑窗口	管理编辑窗口和编辑工具条的显示状态
选项设置区	选项	提供了拓扑、版本管理、单位等选项的设置功能

2.3.1.2 高级编辑工具条

在 ArcMap 中，单击编辑器下→更多编辑工具→高级编辑，即可调出高级编辑工具条，如图 2-39 所示。也可在任意工具栏处，单击鼠标右键，在弹出菜单中单击【高级编辑】，来打开【高级编辑】工具条。

图 2-39 高级编辑器工具条

高级编辑器包含的工具栏及各工具功能见表 2-8。

表 2-8 高级编辑器工具栏组成及功能

图标	名称	功能
	复制要素工具	复制选择的要素
	内圆角工具	两要素夹角转为内圆角
	延伸工具	延伸选择要素
	修剪工具	裁剪选择要素
	线相交	剪断选择要素
	拆分多部分要素	拆分选择的多部分要素
	构造大地要素	为选择要素构造大地测量要素
	对齐至形状	将要素对齐到现有要素形状
	替换几何工具	维持属性不变，替换选择要素的整个形状
	构造面	根据选择要素的形状创建新的面
	分割面	按选择重叠要素的形状分割面
	打断相交线	在相交的地方分割选择的线要素
	概化工具	简化选择要素
	平滑工具	平滑选择要素

2.3.2 图形数据编辑操作

2.3.2.1 创建要素窗口

通常在启动编辑后，ArcMap 将启动【创建要素】窗口，如图 2-40 所示。在【创建要素】窗口中选择某要素模板后，将给予该要素模板的属性建立编辑环境；此操作包括设置要存储新要素的目标图层、激活要素构造工具并做好为所创建要素制定默认属性的准备。【创建要素】窗口的顶部面板用于显示地图中的模板，而窗口的底部面板则用于列出创建该类型要素的可用工具。要素创建工具（或构造工具）是否可用取决于在窗口顶部选择的模板类型。例如，如果线模板处于活动状态，则会显示一组创建线要素的工具，如果选择的是面模板，则可用的工具将变为可用于创建面要素的工具。

图 2-40 【创建要素】窗口　　　　图 2-41 【组织要素模板】对话框

ArcGIS 为每个图层生成了一个默认模板，可以利用这些模板去创建要素，也可以创建自定义的模板，还可以为没有模板的图层创建模板。在【创建要素】窗口上单击 按钮，打开【组织要素模板】对话框。如图 2-41 所示，道路图层没有可供显示的模板，单击 按钮，打开【创建新模板向导】对话框，如图 2-42 所示，选中道路图层，单击【完成】按钮，完成道路图层模板的创建，结果如图 2-43 所示。

图 2-42 创建新模板向导　　　　图 2-43 创建新模板结果

2.3.2.2 点要素创建

在 ArcMap 中添加一个要编辑的点图层。启动编辑后，再【创建要素】窗口中选择该点要素模板，窗口下面会自动显示点构造工具，创建点要素共有两个构造工具，见表 2-9。

表 2-9　点构造工具

图标	名称	功能描述
	点	在地图上绘制点
	线末端的点	在地图上绘制折线取最后一个端点绘制点

（1）通过单击地图创建点要素

操作步骤如下：

【创建要素】窗口→单击点模板→单击【ᐧ 点】构造工具→在地图上相应位置单击创建点要素，刚创建的点要素处于选取状态。如果点的位置错误，则可以使用删除工具将其删除。

(2) 草绘线末端创建点要素

操作步骤如下:

【创建要素】窗口→单击点模板→单击【✏线末端的点】构造工具→在地图上相应位置单击创建草图线(如果要确定线段长度,则在右键菜单中单击【长度】,在弹出的窗口中输入长度),线段最后一个端点则是要创建的点要素位置。

(3) 在绝对 X、Y 位置创建点或折点要素

操作步骤如下:

【创建要素】窗口→单击点模板→单击【⊕点】构造工具→在地图上相应位置单击右键,在弹出的菜单中,选择"绝对 X、Y",则打开【绝对 X、Y】对话框(或者直接按下 F6,也可以打开 X、Y 坐标)给点确定具体的坐标值,单击 X、Y 坐标右端的"倒三角"符号,可以设置具体的单位数值。按【回车键】确定,则点位置自动确定好。

2.3.2.3 线要素创建

加载要编辑的线图层,启动编辑后,在【创建要素】窗口中选择线要素模板,在【构造工具】区域选择相应的构造工具,在地图上就可以单击创建线要素。在线要素模板中提供了线、矩形、圆形、椭圆、手绘曲线五种构造工具,见表 2-10。

表 2-10 线构造工具

图标	名称	功能描述
╱	线	在地图上绘制直线
▢	矩形	在地图上拉框绘制矩形
◯	圆形	制定圆心和半径框绘制圆形
⬭	椭圆	指定椭圆圆心、长半径和短半轴绘制矩形
∽	手绘	单击鼠标左键,移动鼠标绘制自由曲线

(1) 直线(折线)要素创建

操作步骤如下:

【创建要素】窗口→单击线模板→单击【╱线】构造工具→在地图上相应位置单击放置折点的位置即可。

(2) 矩形线要素创建

操作步骤如下:

【创建要素】窗口→单击线模板→单击【▢矩形】构造工具→在地图上单击某位置放置矩形第一个顶角位置→拖动鼠标并单击设置矩形的旋转角度。再通过右击选择命令或使用键盘快捷键输入 X、Y 坐标、方向角、选择矩形是水平或竖直,或选择输入长、宽边尺寸。注意:尺寸单位是以地图单位表示,也可以通过输入值后附加单位缩写来制定其他单位形式的值。最后拖动鼠标并单击完成创建矩形要素操作。

在矩形线要素创建过程中,可以使用一些快捷键快速创建各种类型的矩形要素,其功能见表 2-11。

表 2-11　矩形工具键盘快捷键

键盘快捷键	编辑功能
Tab	按下 Tab 键可以使矩形处于竖直方向(以 90°垂直或水平),而不进行旋转。在这种模式下,创建的矩形都是竖直方向的,再次按下 Tab 键,又会恢复
A	输入拐角的 X、Y 坐标。建立矩形角度之后,可以设置第一个拐角的坐标或任意后续拐角的坐标
D	设置完第一个拐角点后指定角度方向
L 或 W	输入长、宽边长的尺寸
shift	创建正方形而不是矩形

(3) 圆形线要素创建

操作步骤如下:

【创建要素】窗口→单击线模板→单击【●圆形】构造工具→在地图上单击某位置放置圆心,拖动鼠标确定圆半径大小即可。或者鼠标右击或使用键盘快捷键输入 X、Y 坐标或半径大小即可。

在圆形线要素创建过程中,经常用到的快捷键及其功能见表 2-12。

表 2-12　圆形工具快捷键

键盘快捷键	编辑功能
R	输入半径
A	输入中心点的 X、Y 坐标

(4) 椭圆形线要素创建

操作步骤如下:

【创建要素】窗口→单击线模板→单击【●椭圆】构造工具→在地图上单击某位置放置椭圆的圆心,然后拖动鼠标确定椭圆大小确定即可。或者设置椭圆长半径、短半径然后拖动鼠标,或者使用键盘快捷键输入 X、Y 坐标,设置方向角,选择从中心还是从端点构造椭圆,或输入长、短半径大小确定椭圆。

在椭圆形线要素创建过程中,经常用到的快捷键及其功能见表 2-13。

表 2-13　椭圆工具键盘快捷键

键盘快捷键	编辑功能
Tab	默认状态时,椭圆是从中心点向外创建。按下 Tab 键可以改从端点绘制椭圆。再次按下 Tab 键,又会恢复
A	输入半径中心点(或端点)的 X、Y 坐标
D	设置完第一个点后指定角度方向
R	输入半径或短半径的尺寸
Shift	创建圆而不是椭圆

(5) 手绘线要素创建

操作步骤如下：

【创建要素】窗口→单击线模板→单击【手绘】构造工具→在地图上单击某位置开始手绘，绘制时按照需要的形状拖动指针，按住空格键可捕捉到现有要素→单击地图完成草图绘制创建要素。

2.3.2.4 面要素创建

ArcMap 中加载要创建的面要素图层，启动编辑后，在【创建要素】窗口中选择面要素模板，在【构造工具】区域选择相应的构造工具，在地图上就可以单击创建面要素。在面要素模板中提供了面、矩形、圆、椭圆、手绘曲线、自动完成面、自动完成手绘七种构造工具，见表 2-14。

表 2-14 面构造工具

图标	名称	功能描述
	面	在地图上绘制多边形要素
	矩形	在地图上拉框绘制矩形面
	圆形	制定圆心和半径框绘制圆形面
	椭圆	指定椭圆圆心、长半径和短半轴绘制矩形面
	手绘	绘制自由形状面，绘制区域自动闭合
	自动完成多边形	与其他多边形围成闭合区域绘制多边形要素
	自动完成手绘	绘制自由形状面，绘制区域必须闭合

大部分工具的使用方法和线要素的创建方式相同，下面介绍面要素和自动完成多边形创建面这两种构造工具的使用方法。

(1) 面要素创建

操作步骤如下：

【创建要素】窗口→单击面模板→单击【面】构造工具→在地图上单击放置第一个折点的位置→依次放置其他折点→在最后一个折点处双击鼠标左键完成面要素的创建。

(2) 自动完成多边形创建面要素

操作步骤如下：

【创建要素】窗口→单击面模板→单击【自动完成面】构造工具→在地图上某个已经存在的面要素边线上单击放置第一个折点的位置→依次放置其他折点→放置最后一个折点到已经存在的面要素上，并形成闭合区域→双击鼠标左键完成面要素的创建。

2.3.2.5 修改要素

对图形要素的修改主要包括移动要素、添加、删除和移动折点、线要素方向的翻转、修整要素、裁剪面等。它们的操作都是使用【编辑器】工具条上的工具和【高级编辑】工具条上工具进行。图形要素修改都是在启动编辑会话基础上，以下操作的前提均是开始编辑后。

(1) 移动要素

移动要素有两种方法：

①在【编辑器】工具条中，单击【▶编辑工具】按钮选中要移动的要素后，直接拖动要素进行移动。

②在【编辑器】工具条中，单击【编辑器】→【移动】，打开【增量 X，Y】对话框。输入 X 偏移量和 Y 偏移量，按回车键确认。

(2) 编辑折点

编辑折点的操作步骤如下：

①选中要编辑的要素（线或面），在【编辑器】工具条上单击【▷编辑折点】按钮或双击要编辑的要素，弹出【编辑折点】工具条，如图 2-44 所示。此时，要素进入草图编辑状态。按住 Shift + Tab 键隐藏该窗口，按 Tab 键再次显示该窗口。【编辑折点】工具条各按钮功能见表 2-15。

图 2-44 【编辑折点】工具条

表 2-15 【编辑折点】工具条功能

图标	名称	功能描述
▶	修改草图折点	移动现有要素折点
▶⊕	添加折点	在现有要素上添加折点
▶⊖	删除折点	删除当前要素上的折点
∕	延续要素工具	继续数字化现有线
▱	完成草图	完成草图编辑
⋏	草图属性	打开编辑草图属性对话框

②单击【▶修改草图折点】按钮，将鼠标移动到需要移动的折点上，鼠标指针变为▶样式，此时可通过拖动鼠标移动折点。

③单击【▶⊕添加折点】按钮，在要添加折点的位置点击鼠标左键，相应的折点就会添加到要素上。

④单击【▶⊖删除折点】按钮，将鼠标移动到要素折点上，点击鼠标左键，该折点就会被删除。

⑤单击【▱完成草图】按钮，完成折点的编辑。

(3) 延续绘制线要素

线要素延续绘制操作步骤如下：

①双击要继续数字化的线要素。

②在【编辑折点】工具条上单击【∕延续要素工具】按钮，即可接着继续绘制线要素。

(4) 线要素方向的翻转

翻转线要素方向的操作步骤如下：

①双击要翻转的线要素。

②在草图上右击鼠标，在弹出菜单中单击【翻转】，完成线要素的翻转操作。

(5) 修整要素

修整要素的操作步骤如下：

①选择要修整的要素，在【编辑器】工具条上单击整形要素工具按钮。

②在地图上绘制一段与整形要素首尾均相交的线。

③双击完成整形。线要素和面要素均可整形。

(6) 裁剪面

裁剪面要素的操作步骤如下：

①选择要裁剪的面要素，在【编辑器】工具条上单击裁剪面工具按钮。

②在地图上绘制横穿被裁剪面要素的线。

③双击完成裁剪，面要素被裁剪为两部分，其属性将被保留。

(7) 分割线要素

分割线要素的操作步骤如下：

①选择要分割的线要素，在【编辑器】工具条上单击旋转按钮。

②在选中的线要素上分割的位置点击，完成线要素的分割。线要素被分割为两部分。

(8) 旋转要素

旋转要素的操作步骤如下：

①选择要旋转的要素，在【编辑器】工具条上单击分割工具按钮。

②将鼠标移动到要素描点上，调整描点的位置，在地图上拖动旋转，或按下键盘 A，输入旋转角度，按回车键，完成要素旋转。

(9) 合并要素

合并要素的操作步骤如下：

①选择两个以上的要素。

②单击【编辑器】下拉菜单中的【合并】，打开【合并】对话框。

③选择一个将与其他要素合并的要素后，单击【确定】按钮，完成要素的合并。

(10) 内圆角

内圆角的操作步骤如下：

①单击【高级编辑】工具条上的内圆角工具按钮。

②单击相交的一条线要素，再单击相交的另一条线要素。

③根据鼠标控制圆弧的大小，弧度大小确定好后单击鼠标左键，弹出【内圆角】对话框。

④在【内圆角】对话框中，选择创建内圆角的模板，单击【确定】按钮，完成内圆角操作。

(11) 延伸

延伸要素的操作步骤如下：

①选中要延长到的线要素，单击【高级编辑】工具条上的延伸工具按钮。

②单击需要延伸的线要素，完成延伸操作。

(12) 修剪

修剪要素的操作步骤如下：

①选中边界线，单击【高级编辑】工具条上的修剪工具按钮。
②鼠标左键选中单击要修剪掉的部分，该部分将被剪掉。

（13）线相交

线相交处理的操作步骤如下：
①单击【高级编辑】工具条上的线相交工具按钮。
②单击相交的一条线要素，再单击相交的另外一条线要素。

（14）拆分要素

拆分要素的操作步骤如下：
①选择要拆分的合并要素。
②单击【高级编辑】工具条上的拆分多部分要素工具按钮即可。

（15）对齐至形状

对齐至形状的操作步骤如下：

①添加数据（位于"…\prj02\修改要素\data"），启动编辑。

②单击【高级编辑】工具条上的对齐至形状要素工具按钮，打开【对齐至形状】对话框，如图2-45所示。

③在【对齐至形状】对话框中，单击按钮，在地图上，单击一条边以沿着该边追踪，然后再次单击结束追踪。

④选中对齐所选要素后，在【要对齐的图层】区域选中用户想要与追踪边对齐的图层。

⑤选中【对齐所选要素】复选框。

⑥输入容差。该值是以复选框旁边列出的数据框坐标系的地图单位进行指定。

⑦选中【插入折点以保持对齐容差外几何的原始形状。

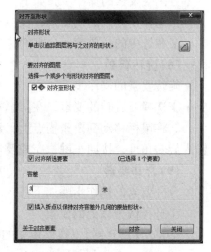

图2-45 【对齐至形状】对话框

⑧单击【对齐】按钮，完成操作，要素对齐前和对齐后结果如图2-46所示。

(a)对齐前　　　　　　　　(b)对齐后

图2-46 要素对齐前和对齐后的对比

（16）替换几何工具

替换几何的操作步骤如下：
①添加数据（位于"…\prj02\修改要素\data"），启动编辑。

②选中要替换的几何要素后，单击【高级编辑】工具条上的替换几何工具按钮 。

③在地图上，单击创建要素形状的草图，完成此操作后即可完成草图，几何替换前和替换后结果如图 2-47 所示。

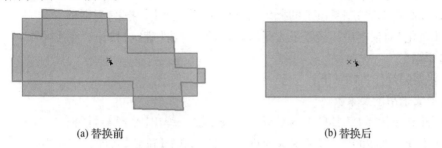

(a) 替换前　　　　　　　　　　　　(b) 替换后

图 2-47　要素几何替换前和替换后对比

(17) 分割面

分割面的操作步骤如下：

①添加数据分割 1、分割 2（位于"…\prj02\修改要素\data"），启动编辑。

②选中"分割 2"要素后，单击【高级编辑】工具条上的分割面工具按钮 ，弹出【分割面】对话框，如图 2-48 所示。

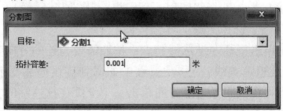

图 2-48　【分割面】对话框

③在【分割面】对话框中，【目标】设置为分割 1，【拓扑容差】设置为 0.001 米。

④单击【确定】按钮，完成面的分割，要素分割前和分割后结果如图 2-49 所示。

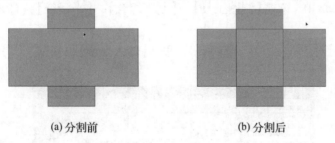

(a) 分割前　　　　　　　　　　　　(b) 分割后

图 2-49　要素分割前和分割后对比

(18) 打断相交线

打断线相交的操作步骤如下：

①选择要打断的要素。

②单击【高级编辑】工具条上的打断线相交工具按钮 ，弹出【打断相交线】对话框。

③设置【 拓扑容差】后，单击【确定】按钮，完成操作。

(19) 概化

概化要素的操作步骤如下：

①选择要简化的要素。

②单击【高级编辑】工具条上的概化工具按钮，弹出【概化】对话框。

③在【概化】对话框中，设置最大允许偏移量，单击【确定】按钮，完成操作。

(20) 平滑

平滑要素的操作步骤如下：

①选择要平滑的要素。

②单击【高级编辑】工具条上的平滑工具按钮，弹出【平滑】对话框。

③在【平滑】对话框中，设置最大允许偏移量，单击【确定】按钮，完成操作。

2.3.3 图形数据编辑高级操作

2.3.3.1 线条追踪勾绘

在编辑线、面图层时，可随时调用追踪的办法进行勾绘。下面以面→线为例进行介绍，具体操作步骤如下：

①添加数据（位于"…\prj02\追踪勾绘\data"），启动编辑。

②在【创建要素】窗口中，选择线图层，【构造工具】选择 / 线。

③在【编辑器】工具条上选择追踪工具按钮。

④在欲追踪的面上单击鼠标左键选择起点→按照需要勾绘的方向基本沿着追踪线移动鼠标（可以看到自动生成追踪迹线）→移动过程中如遇到迹线偏离要追踪的面时，此时在交点处单击一下左键，再在其附近追踪方向单击一下继续往欲追踪的方向移动。

⑤到终点时双击鼠标左键结束追踪，这时可以看到追踪勾绘的线要素。

2.3.3.2 线条平滑处理

对于勾绘不圆滑的线条（如等高线等），可以采取适当的平滑处理。具体操作步骤如下：

①在 ArcToolbox 中，双击【制图工具】→【制图综合】→【平滑线】，打开【平滑线】对话框，如图 2-50 所示。

②在【平滑线】对话框中，单击按钮，添加【输入要素】数据（位于"…\prj02\线条平滑\data"）。

图 2-50 【平滑线】对话框

③在【输出要素类】中，指定输出要素的保存路径和名称。

④在【平均算法】下拉框中有两个选项：PAEK 和 BEZIER_ INTERPOLATION。

- PAEK 此法平滑后不经过折点且必须输入一个大于零的容差，默认选此项。
- BEZIER_ INTERPOLATION 平滑线将经过线的折点且不需要容差。

⑤在【平滑容差】文本框中输入容差 0.1 米。

⑥【保留闭合线的端点】为可选项，此处选中【保留闭合线的端点】复选框。

⑦【处理拓扑错误】也为可选项，下拉框中有两个选项：NO_ CHECK 和 FLAG_ ERRORS。

- NO_ CHECK 不检查拓扑错误，默认选此项。
- FLAG_ ERRORS 如果发现拓扑错误将标记。

⑧单击【确定】按钮，完成操作。

2.3.3.3 矢量图层的裁剪

矢量图层的裁剪操作步骤如下：

①在 ArcToolbox 中，双击【分析工具】→【提取分析】→【裁剪】，打开【裁剪】对话框，如图 2-51 所示。

图 2-51 【裁剪】对话框

②在【裁剪】对话框中，单击 按钮，添加【输入要素】和【裁剪要素】数据（位于"…\prj02\矢量图层裁剪"）。

③在【输出要素类】中，指定输出要素的保存路径和名称。

④单击【确定】按钮，完成操作。

2.3.3.4 矢量图层的合并

矢量图层的合并操作步骤如下：

①在 ArcToolbox 中，双击【数据管理工具】→【常规】→【合并】，打开【合并】对话框，如图 2-52 所示。

②在【合并】对话框中，单击 按钮，添加【输入数据集】数据（位于"…\ prj02\矢量图层裁剪\ data"）。

③在【输出要素集】中，指定输出要素的保存路径和名称。

④单击【确定】按钮，完成操作。

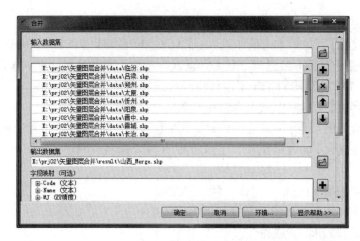

图 2-52 【合并】对话框

2.3.3.5 矢量图层的导出

在 ArcMap 数据视图下，可以直接将某一矢量图层的全部或选中部分导出，并带有与图层相同的坐标系。具体操作步骤如下：

①添加数据(位于"…\prj02\矢量图层导出\data")。

②单击主菜单【选择】→【按属性选择】命令，打开【按属性选择】对话框，如图 2-53 所示。

③按图 2-53 设置参数，单击【确定】按钮，完成选择。

图 2-53 【按属性选择】对话框　　　　图 2-54 【导出数据】对话框

④在县级行政区图层上右击鼠标，在弹出菜单中点击【数据】→【导出数据】命令，打开【导出数据】对话框，如图 2-54 所示。

⑤在【导出】下拉菜单选择"所选要素"，【坐标系】选择"此图层的源数据"。

⑥在【输出要素类】中，指定输出要素的保存路径和名称。

⑦单击【确定】按钮，完成选中要素的导出操作。

2.3.4 注记要素编辑操作

2.3.4.1 编辑注记

当创建好注记要素类后，在 ArcMap 中打开已经创建好的注记要素类后即可进行编辑。操作步骤如下：

①启动编辑，在【创建要素】窗口中选择一个注记模板后，在【构造工具】区域列出 5 种构造工具，见表 2-16。

表 2-16 构造工具及其注记样式

构造工具	说明	样式
水平	创建一个沿水平方向的注记	山西省
沿直线	创建一个沿起点到终点方向的注记	山西省
跟随要素	创建一个沿线要素或面要素边界的注记	山西省界限
牵引线	创建一个带有牵引线的注记	山西省界限
弯曲	创建一个沿曲线的注记	山西省界限

②选择其中一种构造工具后，弹出【注记构造】对话框，它有两种状态，可以使用按钮 进行切换，如图 2-55 所示。

图 2-55 注记构造窗口的两种状态

③在【注记构造】对话框中，修改字体、字号、对齐方式等参数。

④在地图上相应位置放置相应注记要素。不同构造注记样式在地图中放置的方式不一样。

• 【水平】，用鼠标直接将注记文本水平方向放置于地图中；

• 【沿直线】，用鼠标将注记文本在地图上沿起点或终点方向以直线方向放置；

• 【跟随要素】，首先选中地图中某一个线要素或面要素，鼠标将注记文本沿要素边界放置；点击【注记构造】对话框中的 按钮，打开【跟随要素选项】对话框，如图 2-56 所示，设置跟随要素选项。

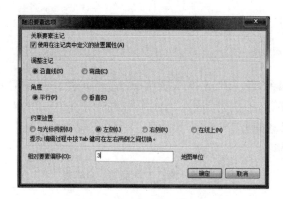

图 2-56 【跟随要素选项】对话框

●【牵引线】，首先用鼠标在地图上某点牵引出一条直线，然后在直线旁再放置注记文本；

●【弯曲】，用鼠标在地图上随机弯曲一条曲线，再将注记文本放置，则注记文本成为某一个弯曲形状。

2.3.4.2 修改注记

对编辑好的注记要素进行修改，主要包括有：复制和粘贴、移动、旋转、删除、堆叠和取消堆叠、向注记中添加牵引线、将注记转换为多部分、编辑关联要素的注记等内容。其中许多操作比较简单，下面仅介绍两种注记修改操作方法。

（1）将注记转换为多部分

将注记转换为多部分的操作步骤如下：

①单击【编辑器】工具条上的编辑注记工具，并选择要修改的注记（要转换的文本字符串部分必须包含空格）。

②右击鼠标，在弹出菜单中单击【转换为多部分】命令。

③单击要编辑的部分（洋红色条带高亮显示），拖动到新位置或单击右键访问其他命令。

④要将多部分注记转换为单部分，选择注记要素，单击鼠标右键，在弹出菜单中单击【转换为多部分】命令。

（2）编辑关联要素的注记

编辑关联要素的注记的操作步骤如下：

①添加数据（位于"…\prj02\关联注记\data"），启动编辑。

②选择要生成注记的要素，要为所用要素创建注记，可以选择所有要素。

③在【内容列表】窗口要素类图层上右击鼠标，在弹出菜单中，单击【选择】→【注记所选要素】命令，打开【注记所选要素】对话框，如图 2-57 所示。

④在【注记所选要素】对话框中设置目标注记要素类和是否【将未放置的标注转为注记】选项。

图 2-57 【注记所选要素】对话框

⑤单击【确定】按钮,完成操作。

2.3.5 属性数据的编辑

借助 ArcMap 的编辑工具,可以对单要素或多要素属性进行添加、删除、修改、复制或粘贴等多种编辑操作,而应用数据层属性表,可以实现更多的编辑操作。

2.3.5.1 【属性】窗口操作

编辑属性操作步骤如下:
①添加数据(位于"…\ prj02 \ 属性编辑 \ data"),启动编辑。
②单击【编辑器】工具条上的编辑工具按钮,在地图上选择一个要素。
③单击【编辑器】工具条上的属性按钮,打开【属性】窗口。
④单击需要添加或修改的字段后的单元格,输入相应的属性值,如图 2-58 所示。
⑤如果多个要素有公共属性,则在地图上选中多个要素。

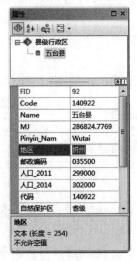

图 2-58　单个赋值　　图 2-59　批量赋值

⑥在【属性】窗口中选择多个要编辑属性的要素。
⑦单击公共属性字段后的单元格,输入相应的属性值,如图 2-59 所示。
⑧完成编辑后,单击【编辑器】下拉菜单中的【保存编辑内容】,结束操作。

2.3.5.2 【表】窗口操作

表窗口是用于显示 ArcMap 中所打开的所有属性表的容器。打开的所有属性表在表窗口中均以选项卡形式显示;单击某个选项卡即可激活特定的表。表窗口还包括一个工具条以及多个菜单,用于与表或地图(对于空间数据)的属性进行交互。属性表里包含了要素的数据库属性。表的每条记录(行)都对应表达了一个要素。

(1)打开属性表
操作步骤如下:
①添加数据(位于"…\ prj02 \ 属性编辑 \ data")。
②在两个数据图层上分别右击鼠标,在弹出的下拉菜单中单击【打开属性表】命令,则可以看见属性表窗口,如图 2-60 所示。

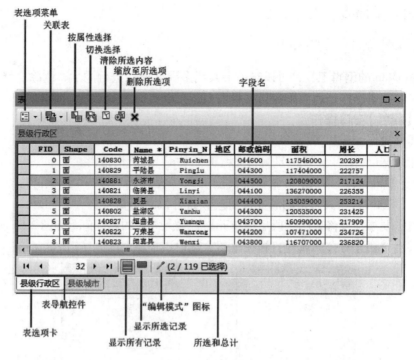

图 2-60 【表】窗口

③单击属性表窗口左下方表选项卡，切换显示两个属性表。

(2) 添加字段

操作步骤如下：

①停止编辑状态下，在【表】窗口中，单击表选项按钮，弹出下拉菜单。
②在下拉菜单中，单击【添加字段】，打开【添加字段】对话框。
③在【添加字段】对话框中，输入字段的名称，在【类型】下拉框中选择字段类型。
④根据需要设置任何其他字段属性。
⑤单击【确定】按钮，完成字段的添加。

(3) 删除字段

操作步骤如下：

①停止编辑状态下，在【表】窗口中要删除的字段上面右击鼠标，弹出菜单。
②在该菜单中，单击【删除字段】，打开【确认删除字段】对话框。
③单击【是】按钮，完成字段的删除。

(4) 连接与关联

操作步骤如下：

①在数据图层上右击鼠标，在弹出的菜单中单击【连接】(或【关联】)命令，打开【连接数据】(或【关联】)对话框。
②在【连接数据】(或【关联】)对话框中进行相应的设置，如图 2-61 所示。
③单击【确定】按钮，完成连接(关联)操作。

连接与关联的区别：数据表与图层属性连接后，数据表中的字段相当于追加到图层属性表中，可以在表窗口、属性窗口、图层属性窗口、HTML 弹出窗口、识别窗口中直接显示，并且数据表中的字段可以像图层属性表中的字段一样参与计算、显示设置、统计等数据处理和分析，总之连接之后数据表中的数据就成为图层属性表中的一部分，可以像图层属性表中的数据一样进行处理，除了不能修改和删除；数据表与图层属性关联后，数据表和图层属性表仍然是相对独立的存在，不可以在表窗口、属性窗口、图层属性窗口、HT-ML 弹出窗口中直接显示，只能在识别窗口中主动选择后显示，并且不能参与图层的任何操作。

 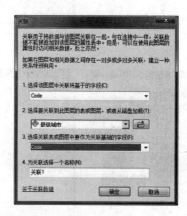

图 2-61 【连接数据】和【关联】对话框

(5) 字段计算器

字段计算器可用于计算要素类属性表中的一条、若干条或者所有记录的字段值，无论是否开启编辑都可以使用字段计算器。在开始编辑状态下进行的任何字段计算都是可撤销的，在停止编辑状态下进行的字段计算速度较快，但不能撤销。具体操作步骤如下：

①选择要素。若需计算一个表中的所有记录，则不选择任何记录或者选中所有记录；若只计算一条记录，则选中该记录；若要计算特定的一些记录，则可按住 Ctrl 键选择这些记录，或者通过一定的属性或位置条件来选择这些需要计算的特定记录。

②右击属性表需要计算的字段，在弹出菜单中单击【字段计算器】命令，打开【字段计算器】对话框。

③在【字段计算器】对话框中下面的赋式框中输入：半角双引号(")→输入计算公式或要填充的值→输入半角双引号(")。

④单击【确定】按钮，稍后便会自动进行计算或赋值，计算过程如图 2-62 和图 2-63 所示。

(6) 计算几何

地理数据库要素类的属性表包含面积(Shape_ Area)、长度(Shape_ Length)和周长(Shape_ Length)字段，这些字段有 ArcGIS 自动维护，不需要手动创建或更新这些字段。但对于 Shapefile、CAD 要素类等非地理数据库数据源，这些数据源的属性表中不包含存储面积、长度和周长等测量值的字段，也不会自动生成。如果要计算的字段为记录表示要素的面积、周长、质心的 x 坐标或质心的 y 坐标，则要使用"计算几何"对话框来执行计算。具体操作步骤如下：

图 2-62 【字段计算器】计算过程

图 2-63 【字段计算器】计算过程

①在【表】窗口中，添加字段。

②右击属性表需要计算的字段，在弹出菜单中单击【计算几何】命令，打开【字段计算器】对话框，如图 2-64 所示。

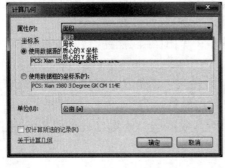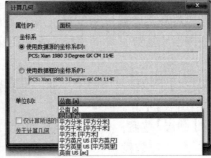

图 2-64 【计算几何】对话框

③在【字段计算器】对话框中，在【属性】下拉框中选择一种类型，在【单位】下拉框中选择一种单位。

④单击【确定】按钮，完成几何计算，计算前和计算结果如图 2-65 所示。

(7) 导出属性表

操作步骤如下：

图 2-65　几何计算前和计算后对比

①在【表】窗口中，单击表选项按钮，弹出菜单。

②在弹出菜单中，单击【导出】，打开【导出数据】对话框，如图 2-66 所示。

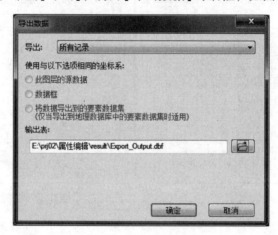

图 2-66　【导出数据】对话框

③在【导出】下拉框中选择"所有记录"。

④在【输出表】中，指定输出表的保存路径和名称。

⑤单击【确定】按钮，完成表的导出。

(8) 小数有效位数设置

操作步骤如下：

①在内容列表中，双击县级行政区图层，打开图层【属性】对话框。

②单击【字段】标签，切换到【字段】选项卡，如图 2-67 所示。

③选择【选择哪些字段可见】区域的"周长"，单击【外观】区域的 按钮，打开【数值格式】对话框，如图 2-68 所示。

④设置小数位数为：2。

图 2-67 【图层属性】对话框　　　　　图 2-68 【数值格式】对话框

⑤单击【确定】按钮，关闭【数值格式】对话框，单击【确定】按钮，关闭【图层属性】对话框，完成小数有效位数的设置，设置前和设置后对比如图 2-69 所示。

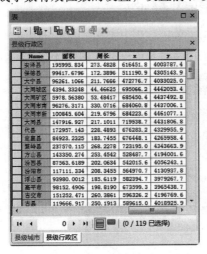

图 2-69　小数有效位数设置前和设置后对比

2.3.5.3　属性标注编辑

图层属性中的标注提供了常规的标注(Label)设置，可以设置图层要显示的标注内容、字体、大小、颜色以及放置位置、比例范围等，属于 ArcGIS 标准标注引擎。

(1) 单项标注

单项标注编辑的操作步骤如下：

①添加数据(位于"…\prj02\属性标注\data")。

②双击 xb 图层，打开【图层属性】对话框，单击【标注】标签，切换到【标注】选项卡，如图 2-70 所示。

③勾选【标注此图层中的要素】。

④在【方法】下拉列表框中选择"以相同方式为所有要素加标注"。

⑤在【标注字段】区域单击下拉列表框，选择字段"小班"。

⑥在【文本符号】区域设置字体、颜色、大小等。

⑦单击【确定】按钮，完成操作，结果如图 2-71 所示。

图 2-70 【图层属性】对话框

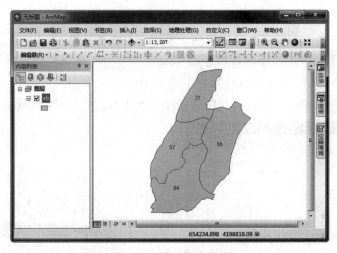

图 2-71 单项标注结果

(2) 多项简单标注

多项简单标注编辑的操作步骤如下:

①单击 表达式(E)... 按钮,打开【标注表达式】对话框,如图 2-72 所示。

②在标注表达式对话框中赋予公式:[小班]&"-"&[面积]。

③单击【确定】按钮,关闭【标注表达式】对话框。

④在【图层属性】对话框中,设置文本的字体、大小和颜色等参数。

⑤单击【确定】按钮,完成操作,结果如图 2-73 所示。

图 2-72 【标注表达式】对话框

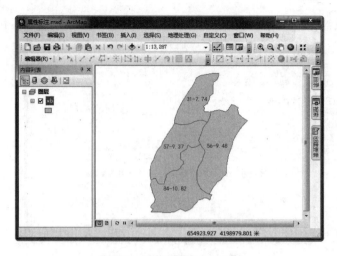

图 2-73 多项简单标注结果

(3) 多项复杂标注

在林业制图中，常常要进行分式标注，表达式大致有三类：

第一类 简单分子式：分子 & chr(10) & " - - - - " & chr(10) & 分母

设置"小班号/面积"分子式标注操作步骤如下：

①单击 表达式(E)... 按钮，打开【标注表达式】按钮，如图 2-74 所示。

图 2-74 【标注表达式】对话框

图 2-75 【表达式验证】提示框

②在标注表达式对话框中赋予公式：[小班] & chr(10) & " - - - - " & chr(10) & [面积]。

③单击【验证】按钮，验证表达式是否正确，如果弹出【表达式验证】提示框则为正确，如图 2-75 所示。

④单击【确定】按钮，关闭【表达式验证】提示框。

⑤单击【确定】按钮，关闭【标注表达式】对话框。

⑥在【图层属性】对话框中,设置文本的字体、大小和颜色等参数。
⑦单击【确定】按钮,完成操作,结果如图 2-76 所示。

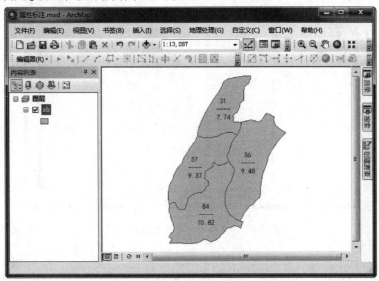

图 2-76 简单分子式标注对话框

第二类 稍复杂分子式:分子 1 &" - "& 分子 2 & chr(10) & " - - - - - - - - - - - - - - - - " & chr(10) & 分母 1 &" - "& 分母 2

设置"小班号 - 面积/地类 - 规划树种"分子式标注操作步骤如下:

①单击 表达式(E)... 按钮,打开【标注表达式】按钮,如图 2-77 所示。

图 2-77 【标注表达式】对话框　　　　图 2-78 【表达式验证】提示框

②在标注表达式对话框中赋予公式:[小班] &" - "& [面积] & chr(10) & " - - - - - - - - - - - - - " & chr(10) & [地类] &" - "& [规划树种]。

③单击【验证】按钮,验证表达式是否正确,如果弹出【表达式验证】提示框则为正确,

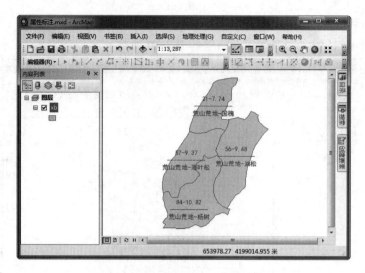

图 2-79 稍复杂分子式标注对话框

如图 2-78 所示。

④单击【确定】按钮，完成操作，结果如图 2-79 所示。

第三类 复杂分子式：分子 & chr(10) & 左边整数 & " – – – – – – – – " & chr(10) & 分母

复杂分子式标注操作步骤如下：

①单击 表达式(E)... 按钮，打开【标注表达式】按钮，如图 2-80 所示。

图 2-80 【标注表达式】对话框

图 2-81 【表达式验证】提示框

②在标注表达式对话框中赋予公式：[小班] &" - "& [面积] & chr(10) & " – – – – – – – – – – – – " & chr(10) & [地类] &" - "& [规划树种]。

③单击【验证】按钮，验证表达式是否正确，如果弹出【表达式验证】提示框则为正确，如图 2-81 所示。

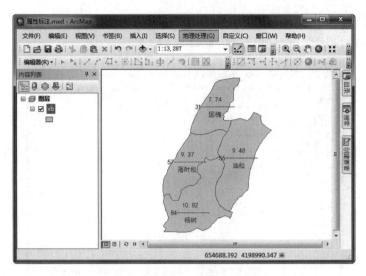

图 2-82 复杂分子式标注对话框

④单击【确定】按钮，完成操作，结果如图 2-82 所示。

（4）将标注转换为地理数据库注记

操作步骤如下：

①在 ArcMap 内容列表中，右击 xb 图层，在弹出菜单中单击【将标注转换为注记】，打开【将标注转换为注记】对话框，如图 2-83 所示。

图 2-83 【将标注转换为注记】对话框

②在【存储注记】区域选择"在数据库中"；在【为以下选项创建注记】区域选择"所有要素"。

③如果要创建标准注记，单击打开文件夹图标，然后指定要创建的新注记要素类的路径和名称；如果要创建标准注记并希望将该注记添加到现有标准注记要素类中，则选中追加复选框，并指定要追加到的现有标准注记要素类，同时确保当前地图比例与现有要素类的参考比例匹配；如果要创建与要素关联的注记则选中要素已关联复选框。

④选中【将未放置的标注转换为未放置的注记】复选框。

⑤单击【转换】按钮，完成操作，结果如图 2-84 所示。

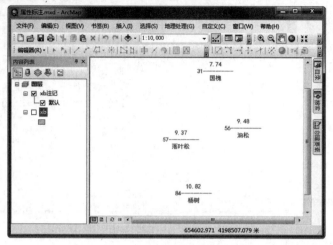

图 2-84　标注转换为注记结果

任务实施　　东山实验林场空间数据编辑

一、目的与要求

通过东山实验林场空间数据的编辑，使学生熟练掌握使用 ArcMap 进行图形数据编辑、注记要素编辑以及属性数据编辑的方法。

二、数据准备

数据库（📁2013512305 张三）、外业调查资料。

三、操作步骤

第 1 步　加载数据

添加数据（位于"…\prj02\任务实施 2-3\data"）启动编辑，结果如图 2-85 所示。

第 2 步　小班图层编辑

根据地图左上角【小班图层分组示意图】进行

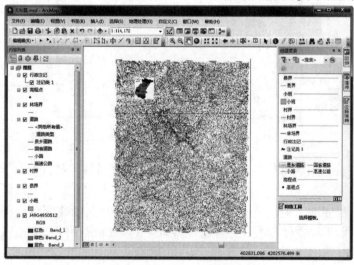

图 2-85　ArcMap 加载数据

分组编辑。小班图层的编辑采用新建面、自动完成多边形和裁剪面的方法进行编辑。

①在【创建要素】窗口中，选中小班图层模板，选择 面构造工具，放大地形图，找到要绘制的斑块，在地图上绘制一个小班面要素，使用该工具要特别注意，因为该工具无论怎么画都会形成面，但会造成面重叠或缝隙，所以建议仅在绘制独立小班要素时使用。

②点击【编辑器】工具条上的 按钮，打开【属性】窗口，输入小班属性。其中共性属性不需要填写，如省、市、县等字段。

③填完属性后，接着绘制第二个小班，如果与前一个小班相邻，则选择构造工具 自动完成面，从前一个小班内部点击作为起点，绘制终点时也在那个小班内点击完成。打开【属性】窗口，输入小班属性。

④继续使用 自动完成面 构造工具依次绘制其余小班，也可以同时自动完成多个小班，设置小班图层为镂空（填充颜色为无），轮廓颜色用红色，选中要切割的面要素，点击【编辑器】工具条上的 工具，将该面要素裁剪成单个小班要素，然后依次选中每个小班输入小班属性。

⑤右击小班图层，在弹出菜单中单击【打开属性表】，打开小班图层属性表，利用字段计算器，编辑共性字段属性。

⑥属性编辑完后，单击【编辑器】工具条上的【保存编辑】按钮，保存编辑内容。

第3步　小班图层合并

①在网上邻居共享个人数据所在文件夹。

②在 ArcToolbox 中，双击【数据管理工具】→【常规】→【合并】，打开【合并】对话框。

③在【合并】对话框中，单击 按钮，添加【输入数据集】数据（每个人的小班图层）。

④在【输出要素集】中，指定输出要素的保存路径和名称（小班合并）。

⑤单击【确定】按钮，完成小班图层的合并。

第4步　林场界图层编辑

①在【创建要素】窗口中，选中林场界图层模板，选择 线构造工具。

②点击【编辑器】工具条上的追踪工具按钮 ，沿着小班最外围跟踪绘制，能跟踪的地方全用跟踪绘制，如遇到空白处不能跟踪，可点击直线段工具 ，绘制线段。

③当首尾闭合后，双击鼠标左键或点击右键再选中完成草图 完成草图(K) 停止绘制。

④如果在绘制过程中，不小心提前结束了编辑，可双击该要素，在【编辑要素】工具条上单击延续要素工具按钮 继续勾绘。

⑤完成编辑后，点击【编辑器】工具条上的【保存编辑】按钮，保存编辑内容。

第5步　县界图层编辑

①双击小班合并图层，打开【图层属性】对话框，点击【符号系统】标签，切换到【符号系统】选项卡，如图2-86所示。

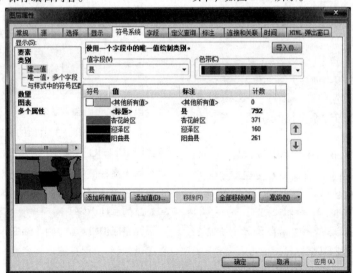

图2-86　【图层属性】对话框

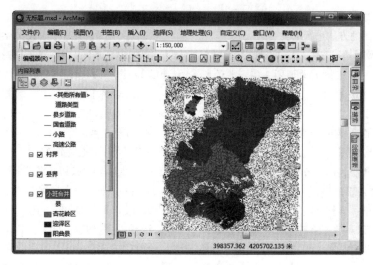

图 2-87　符号设置结果

②在【显示】列表框中单击【类别】并选择"唯一值"，在【值字段】区域单击下拉列表框，选择字段"县"。

③单击【添加所有值】按钮，将【县】字段值全部列出，单击【确定】按钮，关闭【图层属性】对话框，结果如图 2-87 所示。

④在【创建要素】窗口中，选中县界图层模板，构造工具默认选择／线。

⑤点击【编辑器】工具条上的追踪工具按钮，沿着小班色块最外围跟踪绘制，如遇到空白处不能跟踪，可点击直线段工具，绘制线段。

⑥绘制完一条县界后，双击鼠标左键完成绘制，采用相同办法绘制其余县界。

⑦对于林场界外的县界，使用直线段工具，在地图上参照县界的路线沿线点击即可。

⑧完成编辑后，点击【编辑器】工具条上的【保存编辑】按钮，保存编辑内容。

第 6 步　村界图层编辑

①在小班图层【符号系统】选项卡中，按【村】字段设置唯一值符号。

②在【创建要素】窗口中，选中村界图层模板，点击【编辑器】工具条上的追踪工具按钮，沿着小班色块最外围跟踪绘制，如遇到空白处不能跟踪，可点击直线段工具，绘制线段。

③绘制完一条村界后，双击鼠标左键完成绘制，采用相同办法绘制其余村界。

④完成编辑后，点击【编辑器】工具条上的【保存编辑】按钮，保存编辑内容。

第 7 步　道路图层编辑

①在【创建要素】窗口中，选中一种道路类型图层模板，构造工具默认选中／线，此时编辑器中的直线段工具也会默认选中。

②放大地形图，找到要绘制道路的起点，用鼠标左键参照地形图上的路线沿线点击，如果道路与小班线重叠，也可用追踪工具进行跟踪勾绘。

③绘制完一条道路后，双击鼠标左键完成绘制，采用相同办法绘制其余道路。

④完成编辑后，点击【编辑器】工具条上的【保存编辑】按钮，保存编辑内容。

第 8 步　高程点图层编辑

①打开高程点图层属性表，添加字段：高程，类型：浮点型。

②在【创建要素】窗口中，选中高程点图层模板，构造工具默认会选中．点，此时编辑器中的直线段工具也会默认选中。

③放大地形图，在山顶的位置点击鼠标左键，点击【编辑器】工具条上的按钮，打开【属性】窗口，输入高程值等属性。

④采用相同办法绘制其余高程点，并及时填写对应的属性内容，高程点要素不宜过多。

⑤完成编辑后，点击【编辑器】工具条上的【保存编辑】按钮，保存编辑内容。

第 9 步　等高线图层编辑

在完成任务实施 2-1 的时候，已经使用 ArcScan 对等高线进行了跟踪矢量化，但好多等高线超出了林场界范围，需要对编辑好的等高线图层进行修剪。

①选中林场界，单击【高级编辑】工具条上的修剪工具按钮。

②单击等高线图层中超出林场界的部分，该部分将被剪掉。

③完成修剪后，点击【编辑器】工具条上的【保存编辑】按钮，保存编辑内容。

第 10 步　行政注记图层编辑

①调整地图比例尺为：1∶25000。

②在【创建要素】窗口中，选择行政注记图层模板，选中沿直线构造工具，在【注记构造】对话框中，输入文本，并修改字体、字号、对齐方式等参数。

③放大地形图，在需要放置行政注记的位置放置相应注记；采用相同办法放置其余注记。

④完成编辑后，点击【编辑器】工具条上的【保存编辑】按钮，保存编辑内容。

第 11 步　保存地图

①单击【编辑器】工具条上的【停止编辑】按钮，停止编辑。

②单击【标准工具】工具条上按钮，打开【另存为】对话框。

③在【另存为】对话框中，指定地图文档的保存路径和名称。

④单击【保存】按钮，完成地图文档的保存，结果如图 2-88 所示。

四、成果提交

做出书面报告，包括操作过程和结果以及心得体会。具体内容如下：

1. 简述林业空间数据编辑的操作步骤，并附上每一步的结果影像。

2. 回顾任务实施过程中的心得体会，遇到的问题及解决方法。

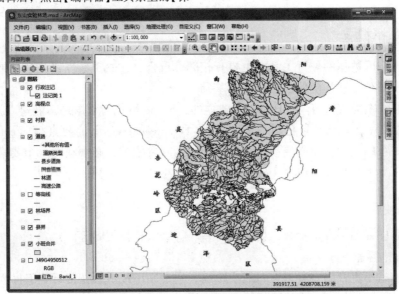

图 2-88　东山实验林场空间数据编辑结果

任务 4　林业空间数据拓扑处理

☞ **任务描述**　拓扑关系是空间分析的基础，拓扑关系的正确性是衡量空间数据质量的关键指标。当图形数据编辑完成后，需要对空间数据进行检查修订。本任务将从拓扑的创建、检查、错误处理等方面来学习林业空间数据拓扑的处理。

☞ **任务目标**　经过学习和训练，能够熟练运用 ArcGIS 软件，根据要素类型，选择合适的拓扑规则创建拓扑，并对检查出来的拓扑错误进行处理，从而保证图形数据的正确。

知识链接

2.4.1　拓扑概念

拓扑是指空间数据的位置关系，主要有相邻、重合、连通 3 种位置关系，是地理对象空间属性的一部分，它是确保数据质量的基础。

ArcGIS 的拓扑都是基于 GeoDatabase 建立的，Shape 格式的数据是不能建立拓扑的。

ArcGIS 拓扑（Topology）是在同一个要素集（FeatureDataset）下的要素类（Feature Class）之间的拓扑关系的集合。所以要参与一个拓扑的所有要素类，必须在同一个要素集内。一个要素集可以有多个拓扑，但每个要素类最多只能参与一个拓扑。

2.4.2　拓扑参数

拓扑关系中存储了许多参数，如拓扑容差、等级、拓扑规则等。

2.4.2.1　拓扑容差

拓扑容差指不重合的要素顶点间最小距离，它定义了顶点间在接近到怎样程度可以视为同一个顶点。在软件中，将位于拓扑容差范围内的所有顶点被认为是重合并被捕捉到一起，实际应用中，拓扑容差一般是很小的一段距离。大多数情况下，软件会有一个默认值（0.001 米）。拓扑容差是拓扑错误的关键因素，不同容差，错误个数也不一样，甚至在指定容差下有拓扑错误，如 0.001，而容差为 0.005，就没有了。拓扑容差大小与数据的要求有关，一般 0.001 米，就可以了。

2.4.2.2　等级

等级是当要素需要合并时，用来控制哪些要素被合并到其他要素上的参数。在拓扑中指定要素等级用来控制在建立拓扑和验证拓扑过程中，当捕捉到重合顶点时哪些要素类将被移动。即不同级别的要素顶点落入拓扑容差中，低等级要素顶点将被捕捉到高等级要素的顶点位置；同一级别的要素落入拓扑容差中，它们将被捕捉到集合平均位置进行合并。这样的好处是如果不同要素类具有不同的坐标精度，如一个通过差分 GPS 得到的高精度数据，另一个是未校正的 GPS 得到较低精度的数据，利用等级可以确保定位顶点不会被捕捉到定位不太准确的顶点上。

在拓扑中。最多可以设置 50 个等级，1 为最高级，50 为最低级。设立的原则是，将准确度较高（数据质量较好）的要素类设置为较高等级，准确度较低（数据质量较差）的要素类设置为较低等级，保证拓扑检验时将准确度较低的要素类数据整合到准确度较高的数据。

2.4.2.3 拓扑规则

拓扑规则指通过定义拓扑的状态，控制要素之间存在的空间关系。在拓扑中定义的规则可以控制一个要素类中各要素之间、不同要素类中各要素之间以及要素子类之间的关系。借助 GeoDatabase，规定了一系列拓扑规则，在要素之间建立了空间关系。拓扑的基本作用是检查所有要素是否符合所有规则。

拓扑分为两种：

①一个图层自身拓扑：数据类型肯定一致，都是点，或都是线，或都是面；

②两个图层之间的拓扑：数据类型可能不同，有线点、点面、线面、线线、面面 5 种，如图 2-89 所示。

拓扑规则的种类按照点、线、面（多边形）来划分，表 2-16 介绍了几种常用的拓扑规则。

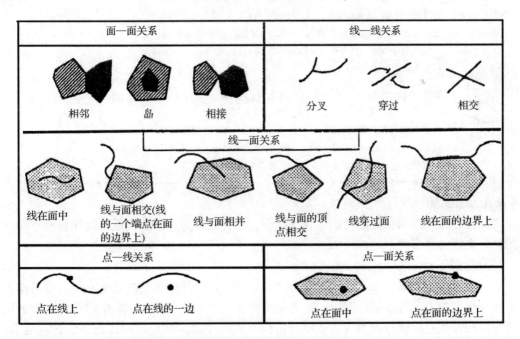

图 2-89 几种常见的拓扑关系

表 2-17　几种常用的拓扑规则

拓扑规则	规则描述	示例
不能重叠 （面规则）	要求面的内部不重叠。面可以共享边或折点。当某区域不能属于两个或多个面时，使用此规则。此规则适用于行政边界（如"邮政编码"区或选举区）以及相互排斥的地域分类（如土地覆盖或地貌类型）	
不能有空隙 （面规则）	此规则要求单一面之中或两个相邻面之间没有空白。所有面必须组成一个连续表面。表面的周长始终存在错误。用户可以忽略这个错误或将其标记为异常。此规则用于必须完全覆盖某个区域的数据。例如，土壤面不能包含空隙或具有空白，这些面必须覆盖整个区域	
不能重叠 （线规则）	要求线不能与同一要素类（或子类型）中的线重叠。例如，当河流要素类中线段不能重复时，使用此规则。线可以交叉或相交，但不能共享线段	
不能相交 （线规则）	要求相同要素类（或子类型）中的线要素不能彼此相交或重叠。线可以共享端点。此规则适用于绝不应彼此交叉的等值线，或只能在端点相交的线（如街段和交叉路口）	
不能有悬挂点 （线规则）	要求线要素的两个端点必须都接触到相同要素类（或子类型）中的线。未连接到另一条线的端点称为悬挂点。当线要素必须形成闭合环时（例如由这些线要素定义面要素的边界），使用此规则。它还可在线通常会连接到其他线（如街道）时使用。在这种情况下，可以偶尔违反规则使用异常，例如死胡同（cul-de-sac）或没有出口的街段的情况	
不能有伪结点 （线规则）	要求线在每个端点处至少连接两条其他线。连接到一条其他线（或到其自身）的线被认为是包含了伪结点。在线要素必须形成闭合环时使用此规则，例如由这些线要素定义面的边界，或逻辑上要求线要素必须在每个端点连接两条其他线要素的情况。河流网络中的线段就是如此，但需要将一级河流的源头标记为异常	

2.4.2.4　内部要素层

为保证创建和编辑拓扑的逻辑性和连续性，拓扑内部会存储脏区域、错误和异常两个附加要素类型的要素类。

(1) 脏区域

脏区域是指建立拓扑关系后，在编辑过、更新过的区域内出现的该编辑行为结果违反已有拓扑规则的情况所标记的区域，或者是受到添加或删除要素操作影响的区域。脏区域将追踪那些在拓扑编辑过程中可能不符合拓扑规则的位置，是允许验证拓扑的选定范围，而不是全部。脏区域在拓扑中作为一个独立要素存储。在创建或删除参与拓扑的要素，修改要素的几何，更改要素的子类型，协调版本，修改拓扑属性或更改地理数据库规则时，ArcGIS 均会创建脏区。每个新的脏区域都和已有的脏区域相连，并且验证过的区域都会从脏区域中删除。

(2) 错误和异常

错误时以要素形式存储在拓扑图层中，并且允许用户提交和管理要素不符合拓扑规则的情况。错误要素记录了发现错误的位置，用红色点、线、方块表示。其中，某些错误是数据创建与更新过程中的正常部分，是可以接受的，这种情况下可以将错误要素标记为异常，用绿色点、线、方块表示。在 ArcGIS 中可以创建要素类种错误和异常的报告，并且将错误要素数目作为评判拓扑数据集中数据质量的度量。用 ArcMap 中的【错误检查器】来选择不同类型错误并且放大浏览每一个错误之处，通过编辑不符合拓扑规则的要素来修复错误，修复后，错误便从拓扑中删去。

2.4.3 创建拓扑

创建拓扑首先要建立 Feature Dataset（要素数据集），把需要检查的数据放在同一要素集下，要素集和检查数据的数据基础（坐标系统、坐标范围）要一致，直接拖进入就可以，拖出来也可以，有拓扑时要先删除拓扑（注意：只有简单要素类才能参与创建拓扑，注记、尺寸等复杂要素类是不能参与构建拓扑）。

ArcGIS 提供了多种创建拓扑的方法，主要是是使用 ArcCatalog 或使用 ArcToolbox 来创建拓扑，下面介绍最常用的使用 ArcCatalog 创建拓扑的方法，具体操作步骤如下：

①在 ArcCatalog 目录树中，单击选中要素集（位于"…\ prj02 \ 拓扑 \ data \ Topology. gdb \ CAD"）。

②在内容列表显示窗口右击鼠标，在弹出菜单中，单击【新建】→【拓扑】，打开【新建拓扑】对话框。浏览简介后，单击【下一步】按钮，进入如图 2-90 所示对话框。

③在【输入拓扑名称】文本框中输入拓扑名称，在【输入拓扑容差】中输入容差值，默认值为要素数据集的 XY 容差 0.001 米。

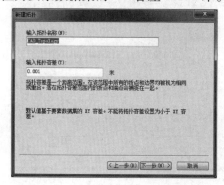

图 2-90 设置拓扑名称及拓扑容差

图 2-91 选择参与到拓扑的要素类

④单击【下一步】按钮，进入如图 2-91 所示对话框。在【选择要参与到拓扑中的要素】列表框中选择参加拓扑的要素，单击【下一步】按钮，进入如图 2-92 所示对话框。

⑤设置参与拓扑的要素类级，在【等级】下拉框中给每一个要素设置等级，如果有 Z 值，则选择【Z 值属性】，为 Z 值设置容差值和等级，单击【下一步】按钮，进入如图 2-93 所示对话框。

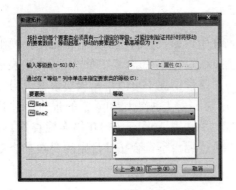 

图 2-92　拓扑等级设置　　　　　　　图 2-93　添加拓扑规则

图 2-94　【添加规则】对话框

⑥单击【添加规则】按钮，打开【添加规则】对话框，如图 2-94 所示。

⑦在【要素类的要素】下拉框中选择参与拓扑的要素类，并在【规则】下拉框中选择相应的拓扑规则，以控制和验证要素共享的集合特征方式。可以给每一个要素重复添加多个规则，结果如图 2-95 所示。

 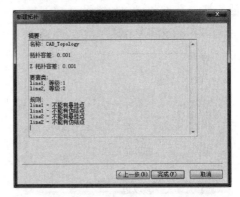

图 2-95　添加拓扑规则结果　　　　　　　图 2-96　查看参数、规则设置

⑧单击【下一步】按钮，进入图 2-96 所示对话框。查看【摘要】信息框的反馈信息，如果有错误返回到上一步，继续修改添加规则，确认无误后，单击【完成】按钮，弹出【新建拓扑】提示框，提示正在创建新拓。

⑨稍后出现一个询问是否进行拓扑验证对话框，单击【是】按钮，出现进程条，进程结束后，拓扑验证完毕，创建好的拓扑显示在 ArcCatalog 目录树和内容显示窗口中，如图 2-97 所示。

图 2-97 在 ArcCatalog 中查看新建拓扑

2.4.4 拓扑错误修复

为了保证地理数据库的空间完整性,需要对违反拓扑规则而产生的拓扑错误进行编辑,修复错误要素。

2.4.4.1 拓扑工具条

【拓扑】工具条的工具包括用于创建地图拓扑的工具和用来进行编辑的工具,如图 2-98 所示。它必须在编辑状态才能使用,【拓扑】工具条各工具的功能描述见表 2-18。

图 2-98 拓扑工具

表 2-18 【拓扑】工具条功能

图标	名称	功能描述
	选择拓扑	在要素重叠部分之间创建拓扑关系
	拓扑编辑工具	编辑要素共享的边和结点
	拓扑追踪工具	追踪选择连接的拓扑边
	修改边	处理所选拓扑边,根据这条边生成编辑草图,并更新共享边的所有要素
	整形边工具	通过创建一条新线替换现有边,同时更新共享边的所有要素
	对齐边工具	将一边与另一边匹配以使其一致
	概化边缘	简化拓扑边的形状
	共享要素	查询哪些要素共享指定的拓扑边或结点
	验证指定区域中的拓扑	对指定区域的要素进行检查,以确定是否违反了所定义的拓扑规则

（续）

图标	名称	功能描述
	验证当前范围中的拓扑	对当前地图范围的要素进行检查，以确定是否违反了所定义的拓扑规则
	修复拓扑错误工具	快速修复检查时产生的拓扑错误
	错误检查器	查看并修复产生的拓扑错误

2.4.4.2 查找拓扑错误

在【错误检查器】窗口中可以查找拓扑错误，窗口中显示违反的规则、错误的要素类、错误的几何特征、错误中要素的 ID 以及错误是否已被标记为异常等信息。

查找拓扑错误的操作步骤如下：

①添加数据 CAD_Topology（位于"…\ prj02 \ 拓扑 \ data \ Topology.gdb \ CAD"）。

②在【拓扑】工具条上单击 按钮，打开【错误检查器】对话框，如图 2-99 所示。

图 2-99 【错误检查器】对话框

③选中【错误】复选框，若查找异常，则选中【异常】复选框；取消选择【仅搜索可见范围】复选框。

④单击【立即搜索】按钮，在【错误检查器】窗口下侧列表框中列出了所有规则中错误的详细信息，结果如图 2-100 所示。

图 2-100 查找所有违反规则的错误

⑤在【显示】下拉框中选择"line1-不能有伪结点"选项。

⑥单击【立即搜索】按钮，在【错误检查器】窗口下侧列表框中列出了所有违反"line1-不能有伪结点"规则的错误的详细信息，结果如图 2-101 所示。

图 2-101　查找违反特定拓扑规则的错误

2.4.4.3　修复拓扑错误

在发现拓扑错误后，需要将所有的错误都修复，最终获得没有任何错误的数据。不同的错误类型有各自不同的修复方式。

(1) 预定义修复

针对不同的错误类型，软件预定义了针对该错误类型的修复方法。具体操作步骤如下：

①可以利用【拓扑】工具条上的修复拓扑错误工具按钮 快速修复拓扑错误。在地图窗口中选择错误后右击鼠标，在弹出菜单中，选择一种预定义修复方式进行修复。

②也可以右击【错误检查器】中某一错误条目，在弹出菜单中，单击【缩放至】或【平移至】按钮，缩放至或平移至该错误，然后选择针对此错误类型的预定义修复方式。

(2) 将错误标记为异常

违反拓扑规则最初被存储为拓扑错误，在必要时，可将其标记为异常，此后将忽略异常，但还可以将它们返回为错误状态。具体操作步骤如下：

①在【拓扑】工具条上，单击 按钮，在地图上选择某一错误。

②在地图窗口上右击鼠标，在弹出菜单中，单击【标记为异常】。

③在【错误检查器】窗口中，只选中【异常】复选框，单击【立即搜索】按钮，在【错误检查器】窗口下侧列表框中列出了标记为异常的详细记录，结果如图 2-102 所示。

图 2-102　查找标记为异常的错误

④右击某一条异常条目，在弹出菜单中，点击【标记为错误】，则将该要素异常状态返回为错误状态。

(3) 汇总剩余拓扑错误

修复完拓扑错误后，可以生成一个报表来汇总数据中的拓扑错误数，用以检查数据拓扑错误修复情况。具体操作步骤如下：

①ArcCatalog 目录树中右击拓扑图层，在弹出菜单中，单击【属性】，打开【拓扑属性】对话框。

②单击【错误】标签，切换到【错误】选项卡，单击【生成汇总信息】按钮，生成一个关于剩余错误数的报表并在列表中显示出来，如图 2-103 所示。

③单击【确定】按钮，关闭【拓扑属性】对话框。

图 2-103　剩余错误数的摘要统计信息

任务实施　东山实验林场空间数据拓扑错误修复

一、目的与要求

通过东山实验林场空间数据的拓扑错误检查，使学生熟练掌握使用 ArcGIS 软件进行拓扑创建、检查和错误修复的方法。

二、数据准备

📀 2013511305 张三。

三、操作步骤

第 1 步　使用 ArcCatalog 创建拓扑

①在 ArcCatalog 目录树中，右击要素集"张三 2014512305"（位于"…\ prj02 \ 任务实施 2-4 \ data \ 2014512305 张三 . gdb \ 张三 2014512305"），在弹出菜单中，单击【新建】→【🗂拓扑】，打开【新建拓扑】对话框。浏览简介后，单击【下一步】按钮，进入图 2-104 所示对话框。

②按图 2-104 设置对话框参数，单击【下一步】按钮，打开图 2-105 所示对话框。

③按图 2-105 设置对话框参数，单击【下一步】按钮，进入图 2-106 所示对话框。

④按图 2-106 设置对话框参数，单击【下一步】按钮，进入图 2-107 所示对话框。

⑤按图 2-107 设置对话框参数，单击【下一步】按钮，进入图 2-108 所示对话框。

⑥单击【完成】按钮，稍后出现一个询问是否进行拓扑验证对话框，单击【是】按钮，拓扑验证完毕后，创建好的拓扑显示在 ArcCatalog 目录树中，如图 2-109 所示。

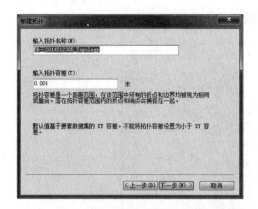

图 2-104　设置拓扑名称及拓扑容差

图 2-105　选择参与到拓扑的要素类

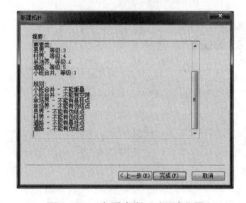

图 2-106　设置拓扑等级

图 2-107　添加拓扑规则

图 2-108　查看参数、规则设置

图 2-109　在目录树中查看新创建的拓扑

第 2 步　使用 ArcMap 修复面要素重叠拓扑错误

①关闭 ArcCatalog 程序，启动 ArcMap 中，添加拓扑数据"张三 2014512305_ Topology"及参与拓扑的所有要素类数据，添加【拓扑】工具条，启动编辑，结果如图 2-110 所示。

②打开【错误检查器】窗口，在【显示】下拉框中选择"小班合并 – 不能重叠"选项；选中【错误】复选框；取消选择【仅搜索可见范围】复选框。

③单击【立即搜索】按钮，在【错误检查器】窗口下侧列表框中列出了所有违反"小班合并 – 不能重叠"规则的错误的详细信息，结果如图 2-111 所示。

④右击【错误检查器】中每一条错误条目，在弹出菜单中，单击【缩放至】按钮，缩放至该错误，在地图窗口上右击鼠标，在弹出菜单中，单击【合

图 2-110　添加拓扑数据结果

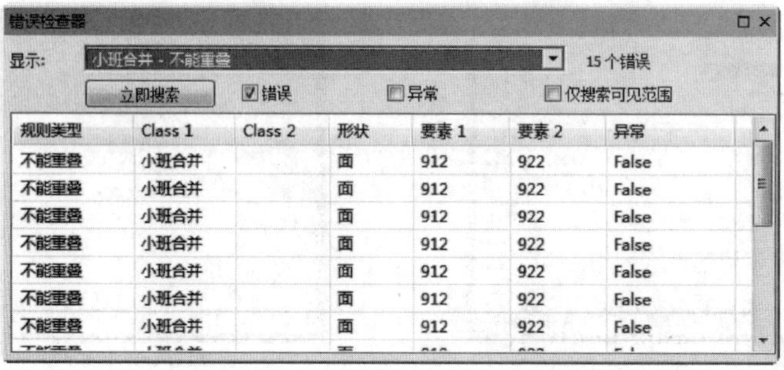

图 2-111　查找违反"小班合并－不能重叠"规则的错误

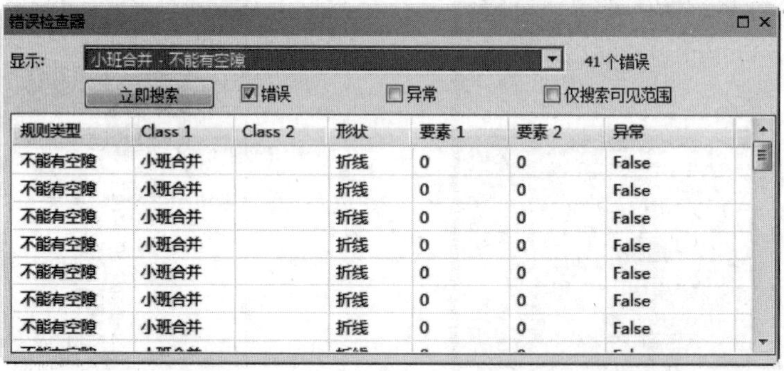

图 2-112　查找违反"小班合并－不能有空隙"规则的错误

并】，在打开的【合并】对话框中选择错误区域要并入的多边形要素，单击【确定】按钮，完成一个错误的修复。

⑤重复以上步骤，将其余重叠错误全部修复。

⑥点击【编辑器】工具条上的【保存编辑】，将修改内容进行保存。

第 3 步　使用 ArcMap 修复面要素空隙拓扑错误

①在【错误检查器】窗口中，在【显示】下拉框中选择"小班合并－不能有空隙"选项；选中【错误】复选框；取消选择【仅搜索可见范围】复选框。

②单击【立即搜索】按钮，在【错误检查器】窗口下侧列表框中列出了所有违反"小班合并－不能有空隙"规则的错误的详细信息，结果如图 2-112 所示。

③右击【错误检查器】中每一条错误条目，在

弹出菜单中，单击【缩放至】按钮，缩放至该错误，在地图窗口上右击鼠标，在弹出菜单中，单击【创建要素】，创建一个新要素。

④单击【工具】工具条上的选择要素按钮，选中刚刚新建的要素和准备合并的要素，单击【编辑器】下拉列表框中【合并】，在打开的【合并】对话框中选择准备合并的要素，单击【确定】按钮，完成一个错误的修复；对于独立小班、没有小班和小班最外围的错误都标记为异常。

⑤重复以上步骤，利用【合并】或【标记为异常】将其余空隙错误全部修复。

⑥点击【编辑器】工具条上的【保存编辑】，将修改内容进行保存。

第 4 步　使用 ArcMap 修复线要素悬挂点、伪结点拓扑错误

①在【错误检查器】窗口中，在【显示】下拉框中选择"所有规则中的错误"选项；选中【错误】复选框；取消选择【仅搜索可见范围】复选框。

②单击【立即搜索】按钮，在【错误检查器】窗口下侧列表框中列出了所有违反所有规则的错误的详细信息，结果如图 2-113 所示。

③右击【错误检查器】中规则类型为【不能有伪结点】的每一条错误条目，在弹出菜单中，单击【缩放至】按钮，缩放至该错误，在地图窗口上右击鼠标，在弹出菜单中，单击【合并】，在打开的【合并】对话框中选择要并入的线要素，单击【确定】按钮，完成一个错误的修复。一般来说，一条线不应该被分割成两条线段的情况下才是伪结点，如现实中存在的两条不同属性的线相连（国省道路和县乡道路），这样一般不判定为伪结点，应标记为异常。

④右击【错误检查器】中规则类型为【不能有悬挂点】的每一条错误条目，在弹出菜单中，单击【缩放至】按钮，缩放至该错误，利用【高级编辑】工具条中【延伸】或【修剪】工具将线条适当延伸和修剪即可。

⑤重复以上步骤，将其余伪结点和悬挂点错误全部修复。

⑥点击【编辑器】工具条上的【保存编辑】，将修改内容进行保存。

第 5 步　拓扑验证

①全图缩放后，单击【拓扑】工具条上验证当前范围中的拓扑工具按钮，对整个区域进行拓扑验证。如果整个区域内的红色面错误、线错误和点错误都没有了，则说明已经将所有错误修复成功，否则还需要重复以上修复过程。

②也可在 ArcCatalog 中打开张三 2014512305_Topology 图层【拓扑属性】对话框，单击【错误】标签，切换到【错误】选项卡，单击【生成摘要】按钮，生成一个关于剩余错误数的报表并在列表中显示出来，如果错误总计为 0，则说明已经将所有错误修复成功。

四、成果提交

做出书面报告，包括操作过程和结果以及心得体会。具体内容如下：

1. 简述拓扑创建、错误修复、拓扑验证的操作步骤，并附上每一步的结果影像。

2. 回顾任务实施过程中的心得体会，遇到的问题及解决方法。

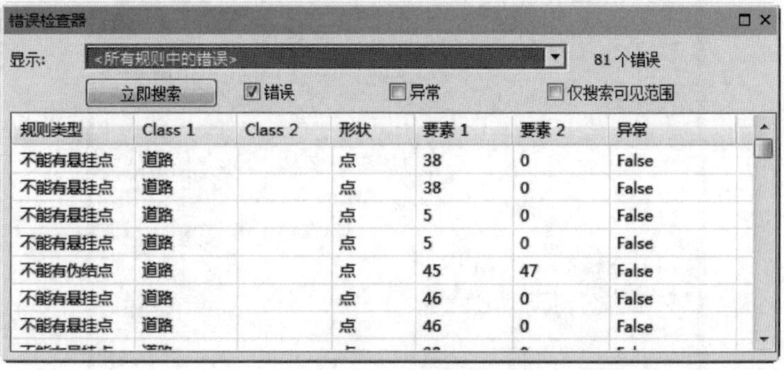

图 2-113　查找违反所有规则的错误

 拓展知识

如何裁剪、拼接栅格数据

本教材使用地形图做底图,图与图的接边处因有空白区域覆盖而无法显示底图上的地形信息,可以通过对地形图进行裁剪切割的方法消除重叠部分,显示底图信息,然后通过镶嵌的方法将几张地形图拼接成一张图。下面我们就介绍利用矢量数据裁剪栅格数据和栅格数据拼接的方法,具体操作步骤如下:

①在 Arcmap 中添加栅格数据(位于"…\prj02\任务实施 2-1\data")和裁剪数据(位于"…\prj02\拓展知识\栅格裁剪.gdb")。

②启动编辑,按要裁剪的区域编辑裁剪要素图层,保存编辑→停止编辑,使用选择要素工具按钮 ,选择一个裁剪要素,结果如图 2-114 所示。

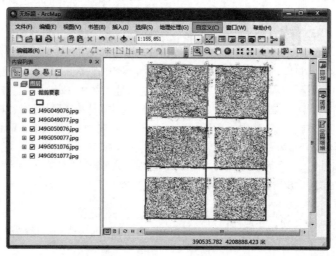

图 2-114　Arcmap 添加数据

③在 ArcToolbox 中,双击【数据管理工具】→【栅格】→【栅格处理】→【裁剪】,打开【裁剪】对话框,如图 2-115 所示。

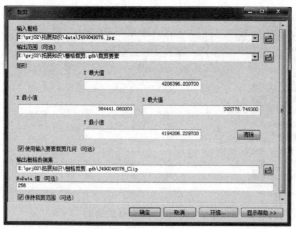

图 2-115　【裁剪】对话框

④在【裁剪】对话框中,单击 按钮,添加【输入栅格】和【输出范围】数据(位于"…\prj02\拓展知识")。

⑤选中【使用输入要素裁剪几何】和【保持裁剪范围】复选框。

⑥在【输出栅格数据集】中,指定输出要素的保存路径和名称。

⑦单击【确定】按钮,完成栅格裁剪操作。

⑧重复以上操作,完成其余栅格数据的裁剪。

⑨在 ArcToolbox 中,双击【数据管理工具】→【栅格】→【栅格数据集】→【镶嵌至新栅格】,打开【镶嵌至新栅格】对话框,如图 2-116 所示。

图 2-116 【镶嵌至新栅格】对话框

⑩在【镶嵌至新栅格】对话框中,单击 按钮,添加【输入栅格】数据和指定【输出位置】(位于"…\prj02\拓展知识\栅格裁剪.gdb")。

⑪在【具有扩展名的栅格数据集名称】中,指定名称;在【栅格数据的空间参考】中,指定空间参考;【相似类型】为默认的 8;像元大小不设置,波段数设置为 3;其他默认。

⑫单击【确定】按钮,完成栅格拼接操作,结果如图 2-117 所示。

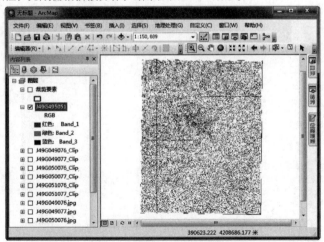

图 2-117 添加裁剪拼接后的栅格数据

自主学习资源库

1. 地信网. http：//www.3s001.com
2. GIS 帝国. http：//www.gisempire.com/bbs/
3. 国土信息化论坛. http：//www.cread.com.cn/bbs/
4. 国家基础地理信息中心. http：//www.ngcc.gov.cn
5. 测绘信息网论坛. http：//www.othermap.com/dvbbs/
6. 国土资源论坛. http：//www.hebgt.net.cn/index.asp
7. 中国林业科学研究院资源信息研究所. http：//www.forestry.ac.cn/zys/new/zysz.html

参考文献

吴秀芹，张洪岩，李瑞改，等. 2007. ArcGIS9 地理信息系统应用与实践[M]. 北京：清华大学出版社.

廖永峰. 2010. 林业"3S"技术[M]. 杨凌：西北农林科技大学出版社.

牟乃夏，刘文宝，王海银，等. 2013. ArcGIS10.0 地理信息系统教程——从初学到精通[M]. 北京：测绘出版社.

项目3 林业专题地图制图

本学习项目是一个基础实训项目,通过本项目"林业空间数据符号化""林业专题地图制图与输出"两个任务的学习和训练,要求同学们能够熟练掌握林业专题图的制作方法。

知识目标
(1)掌握林业空间数据符号设置方法。
(2)掌握林业专题图版面的设置方法。
(3)掌握林业专题图的打印与输出方法。

技能目标
(1)能熟练的修改、创建和设置符号。
(2)能创建自己的样式符号库。
(3)能熟练的设置地图版面。
(4)能熟练的打印和输出林业专题图。

任务1 林业空间数据符号化

☞ **任务描述**   空间数据的符号化是将矢量地图数据按照出图要求设置各种图例的过程，它将决定地图数据最终以何种面目呈现在用户面前，因此，符号化对专题图制图非常重要。本任务将从符号的修改、制作以及制定样式库等方面来学习空间数据符号化的各种设置方法。

☞ **任务目标**   经过学习和训练，能够熟练运用 ArcMap 软件对前一个项目完成的地理数据进行数据符号化设置操作，为下一个任务专题图制图学习奠定基础。

知识链接

对于一幅地图，确定了数据之后，就要根据数据的属性特征、地图的用途、制图比例尺等因素来确定地图要素的表示方法，也就是空间数据的符号化。空间数据可以分为点、线、面3种不同的类型，点要素可以通过点状符号的形状、色彩、大小表示不同的类型或不同的等级。线要素可以通过线状符号的类型、粗细、颜色等表示不同的类型或不同的等级。而面要素则可以通过面状符号的图案或颜色来表示不同的类型或不同的等级。无论是点要素、线要素，还是面要素，都可以依据要素的属性特征采取单一符号、定性符号、定量符号、统计图表符号、组合符号等多种表示方法来实现数据的符号化。下面介绍符号的修改、符号的制作以及常用的符号设置方法。

3.1.1 符号的修改

在制图的过程中，直接调用图式符号库的符号是非常基础的操作（这里不做介绍），但由于不同行业制图需求不同，图式符号库中的符号不能满足要求时，就需要修改符号的属性。符号的修改操作步骤如下：

①启动 ArcMAP，添加数据（位于"…\prj03\符号设置\data"）。

②在内容列表中，单击县级城市图层标签下的符号，打开【符号选择器】，选择一种符号，如图3-1所示。

③在【当前符号】区域，修改符号的颜色、大小和角度。也可以单击【编辑符号】按钮，打开【符号属性编辑器】对话框，对符号进行修改。

④单击【另存为】按钮，打开【项目属性】对话框，如图3-2所示。

⑤在对话框中输入修改后的符号的名称、类别和标签，符号将被保存在默认的图式符号库 Administrator.style 中。

⑥单击【完成】按钮，返回【符号选择器】对话框。

⑦单击【确定】按钮，完成点符号修改设置。

图 3-1 【符号选择器】对话框

图 3-2 【项目属性】对话框

以上是点符号的修改方法，线符号和面符号的修改步骤与点符号一致。

3.1.2 符号的制作

当修改符号不能满足需要时，我们就需要使用样式管理器对话框在相应的样式中制作能够满足制图需要的全新符号。符号的设计和创建也遵循"层"的理念，建立复杂的地图符号时，可以通过设置多个符号层的叠加、遮盖等规则来实现。具体创建符号时，不一定非要从头做起，可直接采用已有的近似符号加以修改、保存，这样速度要快很多。

3.1.2.1 点符号制作

制作点符号的位置在样式管理器的"标记符号"文件夹中。点符号的类型有简单标记符号、字符标记符号、箭头标记符号、图片标记符号以及 3D 简单标记符号、3D 标记符号和 3D 字符标记符号。下面以制作简单标记符号为例介绍点符号的制作，具体操作步骤如下：

①在 ArcMAP 窗口菜单栏，单击【自定义】→【样式管理器】，打开【样式管理器】对话框。

②单击 Administrator. style 下的【标记符号】文件夹。

③在【样式管理器】的右侧空白区域，右击鼠标选择【新建】→【标记符号】，打开【符号属性编辑器】对话框。

④单击【类型】下拉框，选择"简单标记符号"，单击【简单标记】标签，设置颜色为火星红，样式为圆形，大小为 7，结果如图 3-3(左)所示。

⑤在【图层】区域单击【添加图层】按钮，添加一个简单标记图层，然后选中该图层，设置颜色为黑色，样式为圆形，大小为 8，然后将其下移，这时预览栏中可以看到符号的形状，结果如图 3-3(右)所示。

⑥单击【确定】按钮，完成一个简单标记符号的制作，结果如图 3-4 所示。

3.1.2.2 线符号制作

制作线符号的位置在样式管理器的"线符号"文件夹中。线符号的类型有简单线符号、制图线符号、混列线符号、标记线符号、图片线符号，以及 3D 简单线符号和 3D 简单纹

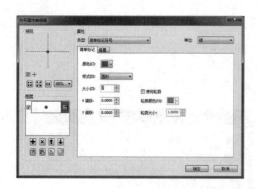

图 3-3 【符号属性编辑器】对话框

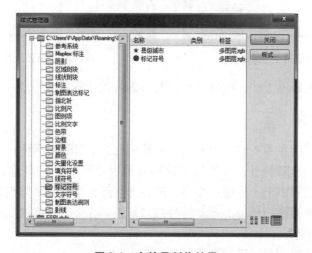

图 3-4 点符号制作结果

理线符号。下面以制作制图线符号为例介绍线符号的制作，具体操作步骤如下：

①在【样式管理器】对话框中单击 Administrator. style 下的【线符号】文件夹。

②在【样式管理器】的右侧空白区域，右击鼠标选择【新建】→【线符号】，打开【符号属性编辑器】对话框。

③单击【类型】下拉框，选择"制图线符号"，单击【制图线】标签，设置颜色为火星红，宽度为 4，线端头为平端头，线连接为圆头斜接，结果如图 3-5(左)所示。

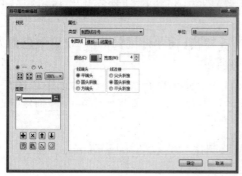

图 3-5 制图线线符号制作

④在【图层】区域单击【添加图层】按钮,添加一个制图线图层,然后选中该图层,设置颜色为冷杉绿,宽度为5,线端头为平端头,线连接为圆头斜接,然后将其下移,结果如图3-5(右)所示。

⑤单击【确定】按钮,完成一个制图线符号的制作。

3.1.2.3 面符号制作

制作面符号的位置在样式管理器的"填充符号"文件夹中。面符号的类型有简单填充符号、渐变填充符号、图片填充符号、线填充符号、标记标记填充符号以及3D纹理填充符号。由于面符号制作的方法与点符号和线符号的制作类似,这里就不再举例。

3.1.3 符号的设置

3.1.3.1 单一符号设置

单一符号设置是 ArcMAP 系统中加载新数据所默认的表示方法,它是采用统一大小、统一形状、统一颜色的点状符号、线状符号或面状符号来表达制图要素,而不管要素本身在数量、质量、大小等方面的差异。

单一符号设置的操作步骤如下:

①启动 ArcMAP,添加数据(位于"...\prj03\符号设置\data")。

②在内容列表中分别右击县级城市、主要公路和县级行政区图层,在弹出菜单中单击【属性】,打开【图层属性】对话框,单击【符号系统】标签,切换到【符号系统】选项卡,如图3-6 所示。

图 3-6　单一符号设置

③在【显示】列表框中,单击【要素】进入【单一符号】形式,单击【符号】色块,打开符号选择器对话框,如图3-7 所示。

图 3-7　符号选择器

④在【符号选择器】对话框中选择合适的符号，单击【确定】返回。

⑤单击【确定】，完成单一符号的设置。

上述操作是单一符号设置的完整过程，在实际工作中，可以使用更为简便的方法进行设置。我们可以直接在内容列表中单击数据层对应的符号，就可以打开【符号选择器】对话框，根据需要改变符号的大小、形状、粗细、色彩等特征就可以了。

3.1.3.2 定性符号设置

定性符号表示方法是根据数据层要素属性值来设置符号的，对具有相同属性值的要素采用相同的符号，对属性值不同的要素采用不同的符号，定性符号表示方法包括"唯一值""唯一值，多个字段"和"与样式中的符号匹配"3 种方法。

(1)唯一值定性符号设置

①启动 ArcMAP，添加县级行政区数据(位于"…\ prj03 \ 符号设置 \ data")。

②双击县级行政区图层，打开【图层属性】对话框；在【图层属性】对话框中，单击【符号系统】标签，切换到【符号系统】选项卡，在【显示】列表框中单击【类别】并选择【唯一值】，如图 3-8 所示。

图 3-8　唯一值符号设置图　　　　　图 3-9　【添加值】对话框

③在【值字段】区域单击下拉列表框，选择字段"Name"。

④单击【添加所有值】按钮，将 Name 字段值全部列出，在【色带】区域单击下拉列表框中选择一种色带，改变符号颜色，也可以直接双击【符号】列表下的每一个符号，进入【符号选择器】对话框直接修改每一符号的属性。

⑤如果不想将所有的属性都显示出来，单击【添加值】按钮，打开【添加值】对话框，如图 3-9 所示，添加自己想添加的内容即可。

⑥单击【确定】按钮，完成唯一值定性符号设置，结果如图 3-10 所示。

以上是面图层唯一值定性符号的设置过程，点图层与线图层的设置过程与上述过程类似，这里就不做介绍了。

(2)唯一值，多个字段定性符号设置

①启动 ArcMAP，添加县级行政区数据(位于"…\ prj03 \ 符号设置 \ data")。

②双击该图层，打开【图层属性】对话框；在【图层属性】对话框中，单击【符号系统】标签，切换到【符号系统】选项卡，在【显示】列表框中单击【类别】并选择【唯一值，多个字段】，如图 3-11 所示。

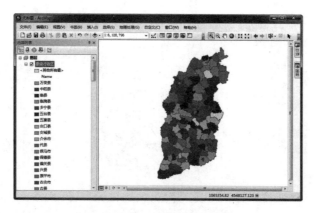

图 3-10　唯一值符号设置结果

图 3-11　唯一值，多个字段符号设置

③在【值字段】区域单击下拉列表框，选择字段"自然保护区"和"类型"（最多不超过 3 个）。

④单击【添加所有值】按钮，单击【确定】按钮，完成唯一值，多个字段定性符号设置，结果如图 3-12 所示。

(3) 与样式中的符号匹配定性符号设置

①启动 ArcMAP，添加县级行政区数据（位于"…\ prj03 \ 符号设置 \ data"）。

②双击县级行政区图层，打开【图层属性】对话框；在【图层属性】对话框中，单击【符号系统】标签，切换到【符号系统】选项卡，在【显示】列表框中单击【类别】并选择【与样式中的符号匹配】，如图 3-13 所示。

③在【值字段】区域单击下拉列表框，选择字段"地区"。

④单击【与样式中的符号匹配】区域单击【浏览】按钮，选择 Administrator. style 文件（位于"…\ prj03 \ 符号设置 \ data"）。

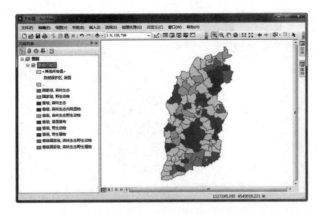

图 3-12 唯一值，多个字段符号设置结果

图 3-13 与样式中的符号匹配符号设置

⑤单击【匹配符号】按钮，单击【确定】按钮，完成与样式中的符号匹配定性符号设置，结果如图 3-14 所示。

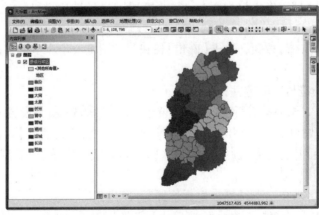

图 3-14 与样式中的符号匹配符号设置结果

3.1.3.3 定量符号设置

定量符号的表示方法是根据属性表中的数值字段来设置符号的，定量符号表示方法包括"分级色彩""分级符号""比例符号"和"点密度"4 种方法。

(1) 分级色彩符号设置

①启动 ArcMAP，添加县级行政区数据（位于"…\ prj03 \ 符号设置 \ data"）；双击该图层，打开【图层属性】对话框，如图 3-15 所示。

图 3-15 分级色彩符号设置

②在【图层属性】对话框中，单击【符号系统】标签，切换到【符号系统】选项卡，在【显示】列表框中单击【数量】并选择【分级色彩】。

③在字段区域中单击【值】下拉列表框，选择字段"人口_ 2011"，在【归一化】下拉框中选择字段"MJ"，表示某县 2011 年的人口密度。

④在【色带】下拉列表框中选择一种色带。由于系统默认的分级方法是自然间断点分级法，分类数为"5"，这种分级方法的优点是通过聚类分析将相似性最大的数据分在同一级，而差异性最大的数据分在不同级。缺点是分级界限往往是一些任意数，不符合制图的需要，因此，需要进一步修改分级方案。

⑤单击【分类】按钮，打开【分类】对话框，如图 3-16 所示。单击【类别】下拉框，选择"10"。

⑥单击【方法】下拉框，选择分级方法为：手动，

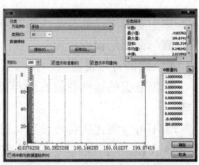

图 3-16 【分类】对话框

单击【中断值】列表框中的第一个数字，使数据处于编辑状态，输入数字 1，重复上面的操作步骤，依次将"中断值"修改为：2、3、4、5、6、7、8、10、200。

⑦选择【显示标准差】和【显示平均值】复选框，单击【确定】按钮，返回【图层属性】对话框。

⑧单击【确定】按钮，完成分级色彩定量符号设置，结果如图 3-17 所示。

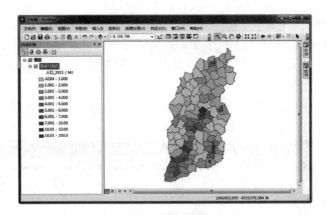

图 3-17　分级色彩符号设置结果

(2) 分级符号设置

分级符号设置类似于分级色彩的设置方法，参照以上设置，得到的结果如图 3-18 所示。

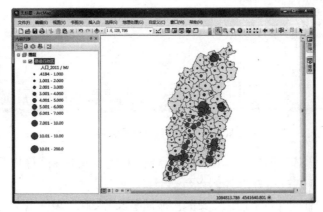

图 3-18　分级符号设置结果

以上是面图层的分级色彩符号和分级符号的具体设置方法，点图层和线图层的符号设置步骤与面图层设置一致。

(3) 比例符号设置

根据数据的属性数值有无存储单位，数据的比例符号设置分不可量测和可量测两种类型。

①不可量测比例符号设置
- 在【显示】列表框中单击【数量】并选择【比例符号】，如图 3-19 所示。
- 在【值】下拉列表框中选择字段"人口_ 2011"。单击【单位】下拉列表框中选择"未知单位"；单击【背景】按钮，打开【符号选择器】对话框，进行背景色的设置。
- 设置【显示在图例中的符号数量】为"5"。
- 单击【确定】按钮，完成比例定量符号设置，结果如图 3-20 所示。

如果应用比例符号所表示的属性数值与地图上的长度或面积有关的话，就需要在【单位】下拉列表框中选择一种单位。具体操作步骤如下。

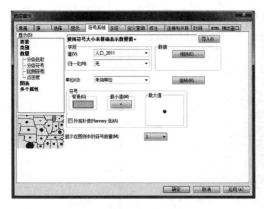
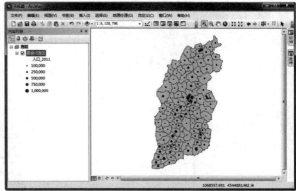

图 3-19　不可量测比例符号设置　　　　图 3-20　不可量测比例符号设置结果

②可量测比例符号设置
- 在【值】下拉列表框中选择字段"面积"。在【单位】下拉列表框中选择"米",如图 3-21 所示。
- 在【数据表示】区域选中【面积】按钮。

图 3-21　可量测比例符号设置

- 在【符号】区域设置符号的颜色、形状、背景色以及轮廓线的颜色和宽度。
- 单击【确定】按钮,完成可量测比例符号设置,结果如图 3-22 所示。

(4)点密度符号设置

①在【显示】列表框中单击【数量】并选择【点密度】,如图 3-23 所示。
②在【字段选择】列表框中,双击字段"人口_ 2011",该字段进入右边的列表中。
③在【密度】区域中调节【点大小】和【点值】的大小,在【背景】区域设置点符号的背景及其背景轮廓的符号。
④选中【保持密度】复选框,表示地图比例发生改变时点密度保持不变。
⑤单击【确定】按钮,完成点密度符号设置,结果如图 3-24 所示。

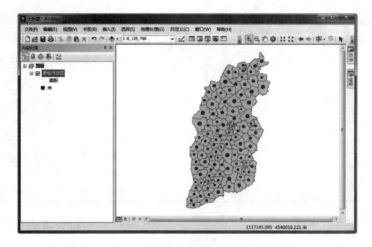

图 3-22　可量测比例符号设置结果

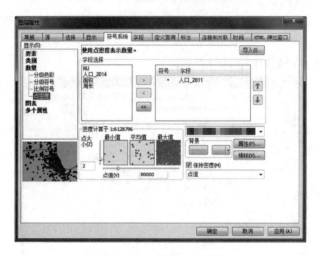

图 3-23　点密度符号设置

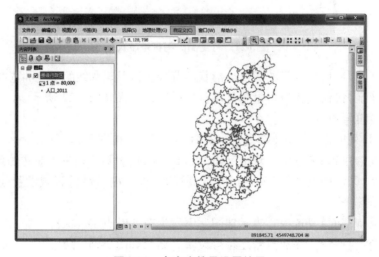

图 3-24　点密度符号设置结果

3.1.3.4 统计图表符号设置

统计图表是专题地图中经常应用的一类符号,用于表示制图要素的多项属性。常用的统计图表有饼图、条形图、柱状图和堆叠图。下面以柱状统计图为例说明具体操作。

①在【图层属性】对话框中,单击【符号系统】标签,切换到【符号系统】选项卡,在【显示】列表框中单击【图表】并选择【条形图/柱状图】,如图3-25所示。

图 3-25 条形图/柱状图符号设置

图 3-26 图表符号选择器

②在【字段选择】列表框中双击字段"人口_ 2011"和"人口_ 2014",两个字段自动移动到右边的列表框中,双击符号,进入【符号选择器】对话框,选择或修改符号。

③单击【属性】按钮,打开【图表符号选择器】对话框,调整宽度和间距,如图3-26所示。

④单击【背景】按钮,打开【符号选择器】对话框,为图表选择一种合适的背景。

⑤单击【大小】按钮,调整【最大长度】为25磅。

⑥单击【确定】按钮,完成图表符号设置,结果如图3-27所示。

饼图和堆叠图的操作步骤同上,符号设置结果如图3-28和图3-29所示。

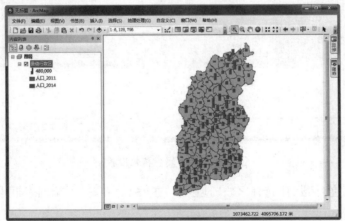
图 3-27 柱状图符号设置结果

图 3-28　饼图符号设置结果　　　　图 3-29　堆叠图符号设置结果

3.1.3.5　多个属性符号设置

多个属性符号设置就是利用不同的符号参数表示同一地图要素的不同属性信息，比如利用符号的颜色表示城市的级别，符号的大小表示人口。具体操作步骤如下：

①启动 ArcMAP，添加县级城市和县级行政区数据（位于"…\prj03\符号设置\data"）；双击县级城市图层，打开【图层属性】对话框。

②在【图层属性】对话框中，单击【符号系统】标签，切换到【符号系统】选项卡，在【显示】列表框中单击【多个属性】并选择【按类别确定数量】，如图 3-30 所示。

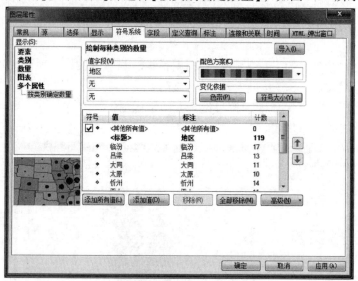

图 3-30　多个属性符号设置

③在第一个【值字段】中选择字段"地区"，在【配色方案】下拉列表框中选择一种色彩方案。

④单击【添加所有值】按钮，加载属性字段"地区"的所有数值。并取消选择"其他所有值"前面的复选框。

⑤双击"符号"列的第一个符号,打开【符号选择器】对话框,设置符号图案和色彩。用相同的办法设置剩余符号的图案和色彩。

⑥单击【符号大小】按钮,打开【使用符号大小表示数量】对话框,如图3-31所示。

⑦在【值】下拉框中选择"人口_ 2011"。

⑧单击【分类】按钮,打开【分类】对话框,单击【类别】下拉框,选择"5"。

⑨单击【方法】下拉框,选择分级方法为:手动,并在【中断值】列表框中输入数字,使数据处于编辑状态,输入数字200000,重复上面的操作步骤,依次修改"中断值"为300000、400000、600000、1000000,单击【确认】按钮,返回【使用符号大小表示数量】对话框。

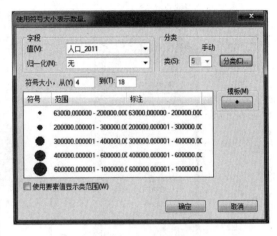

图3-31 【使用符号大小表示数量】对话框

⑩单击【确定】按钮,完成多个属性符号设置,结果如图3-32所示。

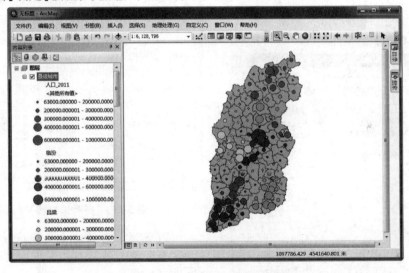

图3-32 多个属性符号设置结果

任务实施 林业专题图符号的设置与制作

一、目的与要求

通过符号的设置,使学生能够利用ArcGIS符号的修改、制作等功能,熟练地设置林业专题图符号。

二、数据准备

行政注记、高程点、林场界、县界、村界、道路、等高线、小班等矢量数据。

三、操作步骤

第1步 添加数据

启动ArcMap,添加数据(位于"…\prj03\任务实施3-1\data"),结果如图3-33所示。

第2步 设置高程点图层符号

高程点图层符号设置采用修改符号。

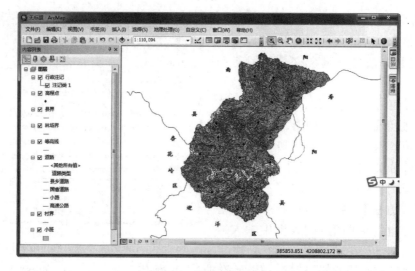

图 3-33 地图文档窗口

①单击【内容列表】中的高程点图层标签下的符号，打开【符号选择器】，如图 3-34 所示。

②选择"圆形 1"，调整大小为"8"，单击【确定】按钮，完成符号设置。

图 3-34 【符号选择器】对话框

第 3 步 设置等高线图层符号

等高线图层符号设置采用修改符号。

①单击【内容列表】中的等高线图层标签下的符号，打开【符号选择器】，如图 3-35 所示。

②调整颜色为"暗红黄色"，单击【确定】按钮，完成符号设置。

第 4 步 设置林场界图层符号

林场界图层符号设置采用制作制图线符号。

①在【样式管理器】对话框中单击 Administrator. style 下的【线符号】文件夹。

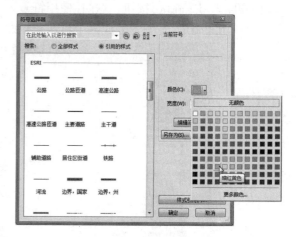

图 3-35 【符号选择器】对话框

②在右侧空白区域，右击鼠标选择【新建】→【线符号】，打开【符号属性编辑器】对话框，设置如下参数。

• 【制图线】选项卡，【类型】：制图线符号；【颜色】：黑色，【宽度】：2；【线端头】：平端头；【线连接】：圆头斜接。

• 【模板】选项卡，【间隔】：2；【模板】：

③在【图层】区域单击【添加图层】按钮，添加两个制图线图层，并将其下移，然后选中其中一个图层，设置如下参数。

• 【制图线】选项卡，【颜色】：灯笼海棠粉，【宽度】：8；【线端头】：平端头，【线连接】：圆头斜接。

• 【线属性】选项卡，【偏移】：4。

④选中另外一个图层,设置如下参数。

• 【制图线】选项卡,【颜色】:红榴石玫瑰色,【宽度】:11;【线端头】:平端头,【线连接】:圆头斜接。

• 【线属性】选项卡,【偏移】:9。效果如图3-36中的【预览】区域所示。

⑤单击【确定】按钮,关闭【符号属性编辑器】对话框,更名为"林场界"。

⑥单击【内容列表】中的林场界图层标签下的符号,打开【符号选择器】,选择符号为"林场界"。

⑦单击【确定】按钮,完成林场界图层符号的设置。

第5步 设置县界图层符号

县界图层符号设置也是采用制作制图线符号,制作方法与林场界类似。

①在【样式管理器】对话框中单击Administrator. style下的【线符号】文件夹。

②在右侧空白区域,右击鼠标选择【新建】→【线符号】,打开符号【属性编辑器】对话框,设置如下参数。

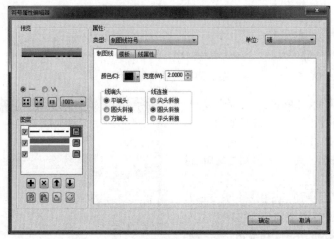

图3-36 林场界符号制作

• 【制图线】选项卡,【类型】:制图线符号;【颜色】:黑色,【宽度】:2;【线端头】:平端头,【线连接】:圆头斜接。

• 【模板】选项卡,【间隔】:2,【模板】:

③在【图层】区域单击【添加图层】按钮,添加一个制图线图层,然后选中该图层,将其下移并设置如下参数。

图3-37 县界符号制作

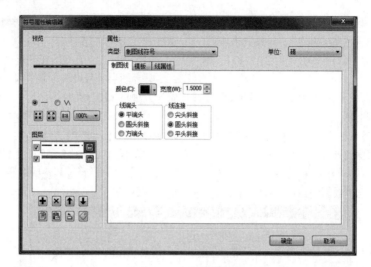

图3-38 村界符号制作

• 【制图线】选项卡，【颜色】：灯笼海棠粉，【宽度】：8；【线端头】：平端头，【线连接】：圆头斜接。效果如图3-37中的【预览】区域所示。

④单击【确定】按钮，关闭【符号属性编辑器】对话框，更名为"县界"。

⑤单击【内容列表】中的县界图层标签下的符号，打开【符号选择器】，选择符号为"县界"。

⑥单击【确定】按钮，完成县界图层符号的设置。

第6步 设置村界图层符号

村界图层符号设置采用修改县界图层符号。

①单击【内容列表】中的村界图层标签下的符号，打开【符号选择器】，选择"县界"。

②单击【编辑符号】按钮，打开【符号属性编辑器】对话框，修改如下参数。

• 在【图层】区域选中第一个图层，单击【制图线】选项卡，【宽度】修改为：1.5；其他属性保持不变。单击【模板】选项卡，【模板】修改为：

• 在【图层】区域选中另外一个图层，单击【制图线】选项卡，【宽度】修改为：4.5；其他属性保持不变。效果如图3-38中的【预览】区域所示。

③单击【确定】按钮，关闭【符号属性编辑器】对话框。

④单击【另存为】按钮，打开【项目属性】对话框，在【名称】文本框处输入"村界"，在【样式】处选择存储的位置，如图3-39所示。

⑤单击【确定】按钮，关闭【项目属性】对话框。

图3-39 【项目属性】对话框

⑥选择符号"村界"，单击【确定】按钮，完成县界图层符号的设置。

第7步 设置道路图层符号

道路图层符号设置采用唯一值定性符号和修改符号。

①打开道路图层的【图层属性】对话框，如图3-40所示。

②按图3-40设置对话框参数。

③双击【符号】列表下的"国省道路"符号，进入【符号选择器】对话框，单击【编辑符号】按钮，打开【符号属性编辑器】窗口，设置如下参数。

【制图线】选项卡，【类型】：制图线符号；【颜色】：暗浅珊瑚红，【宽度】：2；【线端头】：平端头，【线连接】：圆头斜接。

④在【图层】区域单击【添加图层】按钮，添加一个制图线图层，然后选中该图层将其下移，并设置如下参数。

【制图线】选项卡，【颜色】：冷杉绿，【宽度】：4；【线端头】：平端头，【线连接】：圆头

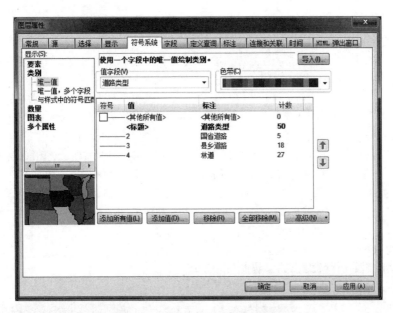

图 3-40 道路【图层属性】对话框

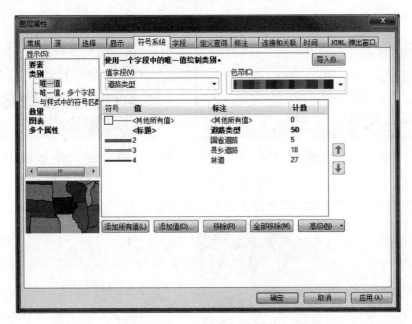

图 3-41 道路符号设置

斜接。

⑤单击【确定】按钮，关闭【符号属性编辑器】窗口，单击【另存为】按钮，将其存为"国省道路"，选中该符号后单击【确定】按钮，关闭【符号选择器】对话框。

⑥双击【符号】列表下的"县乡道路"符号，进入【符号选择器】对话框，单击【编辑符号】按钮，打开【符号属性编辑器】窗口，设置如下参数。

【制图线】选项卡，【类型】：制图线符号；【颜色】：蔷薇石英色，【宽度】：1.5；【线端头】：平端头，【线连接】：圆头斜接。

⑦在【图层】区域单击【添加图层】按钮，添加一个制图线图层，然后选中该图层将其下移，并设置如下参数。

【制图线】选项卡，【类型】：制图线符号；【颜色】：冷杉绿，【宽度】：3；【线端头】：平端头,【线连接】:圆头斜接。

⑧单击【确定】按钮,关闭【符号属性编辑器】窗口,单击【另存为】按钮,将其存为"县乡道路",选中该符号后单击【确定】按钮,关闭【符号选择器】对话框。

⑨双击【符号】列表下的"林道"符号,进入【符号选择器】对话框,设置如下参数。

【颜色】:可可粉褐,【宽度】:2。

⑩另存为"林道",单击【确定】按钮,关闭【符号选择器】对话框,设置结果如图 3-41 所示。

⑪单击【确定】按钮,完成道路图层符号设置。

第 8 步 设置林地利用现状图小班图层符号

林地利用现状图小班图层符号设置采用唯一值定性符号和修改符号。

①打开小班图层的【图层属性】对话框,单击【符号系统】标签,切换到【符号系统】选项卡,如图 3-42 所示。

②按图 3-42 设置对话框参数,同时将纯林、混交林进行组值,移除非林地,修改标注,并按照地类级别调整值的顺序。

③单击【确定】按钮,关闭【图层属性】对话框。

④右击【内容列表】中的小班图层标签下的每个符号→【更多颜色】按钮,打开【颜色选择器】窗口,如图 3-43 所示,按表 3-1 地类色标色值的要求赋值。

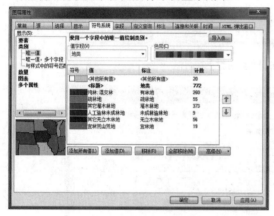

图 3-42 小班符号设置图

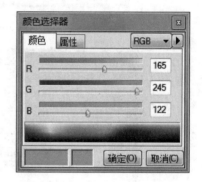

图 3-43 【颜色选择器】对话框

表 3-1 地类色标色值

地类(图例)	色标	RGB	CMYK
有林地		82,164,33	68,36,87,0
疏林地		137,205,102	46,20,60,0
灌木林地		253,209,144	1,18,44,0
未成林造林地		176,205,102	31,20,60,0
苗圃地		170,255,0	33,0,100,0
无立木林地		215,194,158	16,24,38,0
宜林地		255,255,190	0,0,25,0
林业辅助生产用地		102,205,171	60,20,33,0

⑤双击每一个地类,打开【符号选择器】对话框,在该对话框右侧点击【编辑符号】按钮,打开【符号属性编辑器】对话框,然后点击【轮廓】按钮,

在打开的窗口中选择轮廓线为虚线 2:2,结果如图 3-44 所示。

图 3-44 小班符号设置结果

第 9 步 提取居民用地并设置符号

①单击菜单栏中的【选择】→【按属性选择】命令，打开【按属性选择】对话框，如图 3-45 所示。

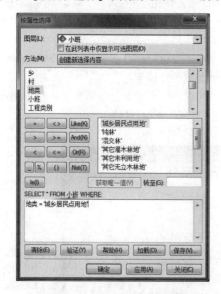

图 3-45 【按属性选择】对话框

②按图 3-45 设置对话框参数，单击【确定】按钮，完成选择，被选中的小班在地图显示窗口中高光显示。

③右击小班作业区小班图层→【数据】→【导出数据】命令，弹出【导出数据】对话框，如图 3-46 所示。

④在【导出数据】对话框中，选择导出【所选要素】，编辑文件输出路径和名称，点击【确定】按钮，完成数据导出。

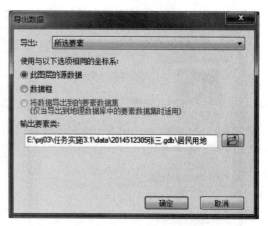

图 3-46 【导出数据】对话框

⑤右击【内容列表】中的居民用地图层标签下的符号→【更多颜色】按钮，打开【颜色选择器】窗口，如图 3-43 所示，设置如下参数：R0 G92 B230（C100 M64 Y10 K0）。单击【确定】按钮，完成颜色设置。

⑥设置轮廓线为虚线 2:2，操作步骤与其他地类轮廓线的设置一致。

第 10 步 设置高程点、居民用地标注

①双击高程点图层，打开【图层属性】对话框，单击【标注】标签，切换到【标注】选项卡，如图 3-47 所示。

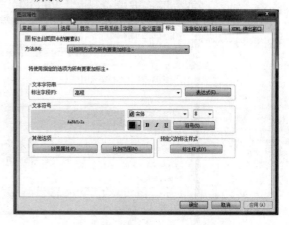

图 3-47 【图层属性】对话框

②单击【放置属性】按钮，打开【放置属性】对话框，如图 3-48 所示。

③在【放置属性】对话框中，单击【更改位置】按钮，打开【初始点设置】对话框，在该对话框中设置放置位置为：仅右中位置，如图 3-49 所示。

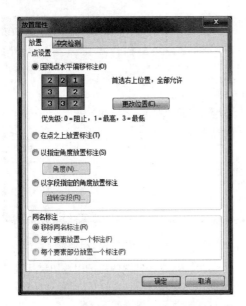

图 3-48 【放置属性】对话框

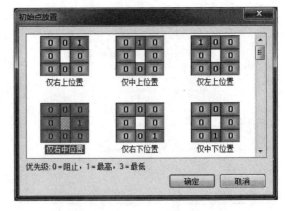

图 3-49 【初始点放置】对话框

第 11 步　设置小班标注

①双击小班图层，打开【图层属性】对话框，单击【标注】标签，切换到【标注】选项卡，【方法】选择为"定义要素类并且为每个类加不同的标注"，选中"此类中的标注要素"复选框，如图 3-51 所示。

②单击【SQL 查询】按钮，打开【SQL 查询】对话框，如图 3-52 所示。

③按图 3-52 设置对话框参数，单击【确定】按钮，关闭【SQL 查询】对话框。

④单击【确定】按钮，关闭【初始点设置】对话框；单击【确定】按钮，关闭【放置属性】对话框，单击【确定】按钮，完成高程点标注设置。

⑤如图 3-50 所示设置居民用地【图层属性】对话框参数，单击【确定】按钮，完成居民用地图层注记。

图 3-50 【图层属性】对话框

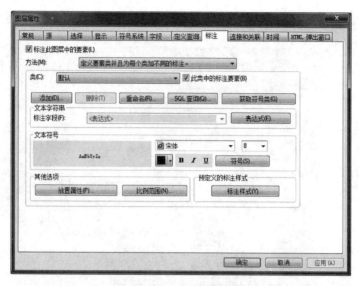

图 3-51 【图层属性】对话框

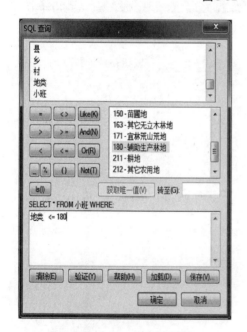

图 3-52 【SQL 查询】对话框

图 3-53 【标注表达式】对话框

④单击【表达式】按钮，打开【标注表达式】对话框，如图 3-53 所示。

⑤按图 3-53 设置对话框参数，单击【确定】按钮，关闭【标注表达式】对话框。

⑥单击【确定】按钮，完成小班图层注记设置，结果如图 3-54 所示。

第 12 步 保存符号设置结果

在【文件】菜单下点击【保存】命令，在弹出菜单中输入【文件名】，单击【确定】按钮，所有图层符号设置都将保存在该地图文档中。

四、成果提交

做出书面报告，包括任务实施过程和结果以及心得体会，具体内容如下：

1. 简述林业专题图符号设置与制作的任务实施过程，并附上每一步的结果影像。

2. 回顾任务实施过程中的心得体会，遇到的问题及解决方法。

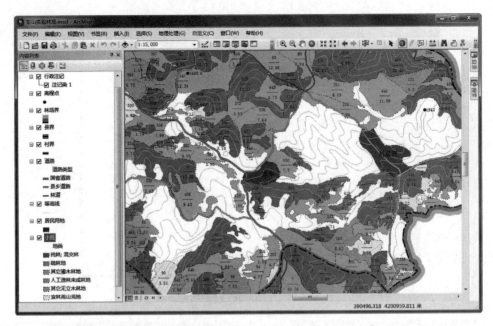

图 3-54　图层注记设置结果

任务 2　林业专题地图制图与输出

☞ **任务描述**　为了能够制作出符合要求的地图并将所有的信息表达清楚,满足生产和生活的需求,需要根据地图数据比例尺大小设置页面大小、页面方向、图框大小等,同时还需要添加图名、比例尺、图例、指北针等一系列辅助要素,并把制作好的专题图进行打印或输出,本任务将从这些方面学习林业专题地图制图与输出。

☞ **任务目标**　经过学习和训练,能够熟练运用 ArcMap 软件通过版面设置、地图整饰、绘制坐标网格和打印输出地图几个步骤,完成林业专题图的制作。

知识链接

专题图编制是一个非常复杂的过程,前面两个项目的内容,包括上一个任务"林业空间数据符号化",都是为专题图的编制准备地理数据的。然而,要将准备好的地图数据,通过一幅完整的地图表达出来,将所有的信息传递出来,满足生产、生活中的实际需要,这个过程中涵盖了很多内容,包括版面纸张的设置、制图范围的定义、制图比例尺的确定、图名、图例、坐标格网的添加等。

3.2.1　制图版面设置

3.2.1.1　版面尺寸设置

ArcMap 窗口包括数据视图和布局视图,正式输出地图之前,应该首先进入布局视图,按照地图的用途、比例尺、打印机的型号等来设置版面的尺寸。若没有进行设置,系统会应用它默认的纸张尺寸和打印机。版面尺寸设置的操作步骤如下:

①单击【视图】菜单下的【布局视图】命令,进入布局视图。

②在 ArcMap 窗口布局视图中当前数据框外单击鼠标右键,弹出针对整个页面的布局视图操作快捷菜单,选择【页面和打印设置】命令,打开【页面和打印设置】对话框,如图 3-55 所示。

③在【名称】下拉列表中选择打印机的名字。【纸张】选项组中选择输出纸张的类型:A4。如在【地图页面大小】选项组中选择了【使用打印机纸张设置】选项,则【纸张】选项组中默认尺寸为该类型的标准尺寸,方向为该类型的默认方向。若不想使用系统给定的尺寸和方向,可以在【大小】下拉列表中选择用户自定义纸张尺寸,去掉【使用打印机纸张设置】选项前面的勾,在【宽度】和【高度】中输入需要的尺寸以及单位。【方向】可选横向或者纵向。

④选择【在布局上显示打印机页边距】选项,则在地图输出窗口上显示打印边界,选

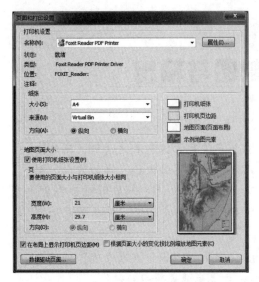

图 3-55 【页面和打印设置】对话框

择【根据页面大小的变化按比例缩放地图元素】选项,则使得纸张尺寸自动调整比例尺。注意如果选择【根据页面大小的变化按比例缩放地图元素】选项的话,无论如何调整纸张的尺寸和纵横方向,系统都将根据调整后的纸张参数重新自动调整地图比例尺,如果想完全按照自己的需要来设置地图比例尺就不要选择该选项。

⑤单击【确定】按钮,完成设置。

3.2.1.2 辅助要素设置

为了便于编制输出地图,ArcMap 提供了多种地图输出编辑的辅助要素,如标尺、辅助线、格网、页边距等,用户可以灵活应用这些辅助要素,使地图要素排列得更加规则。

(1)标尺

标尺显示了最终打印地图上页面和地图元素的大小。标尺的应用包括设置标尺功能的开关、设置自动捕捉标尺以及设置标尺单位等。

①标尺功能开关 在 ArcMap 窗口布局视图当前数据框外单击鼠标右键,弹出针对整个页面的布局视图操作快捷菜单,选择【标尺】→【标尺】命令(默认状态下,标尺是打开的,再次单击就关闭)。

②标尺捕捉开关 在弹出针对整个页面的布局视图操作快捷菜单中,选择【标尺】→【捕捉到标尺】命令,标尺捕捉打开时,命令前有√标志;再次单击就关闭,√标志消失。

③标尺单位设置 在弹出针对整个页面的布局视图操作快捷菜单中,选择【ArcMap 选项】命令,打开【ArcMap 选项】对话框,如图 3-56 所示,选择【布局视图】标签,打开【布局视图】选项卡,在【标尺】选项组的【单位】下拉列表框中确定标尺单位为"厘米",【最小主刻度】下拉列表框中设置标尺最小主刻度为"0.1 厘米"。

(2)参考线

参考线是用户用来对齐页面上地图元素的捷径。参考线的应用包括设置参考线功能的开关、设置参考线自动捕捉、增删参考线以及移动参考线等。

①参考线功能的开关 在 ArcMap 窗口布局视图当前数据框外单击鼠标右键,弹出针对整个页面的布局视图操作快捷菜单,选择【参考线】→【参考线】命令,打开参考线功能,再次单击就关闭。

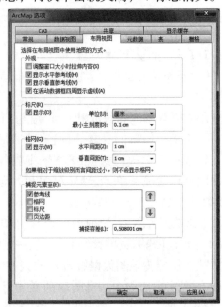

图 3-56 【ArcMap 选项】对话框

②参考线捕捉开关　在弹出针对整个页面的布局视图操作快捷菜单中，选择【参考线】→【捕捉到参考线】命令，参考线捕捉打开时，命令前有√标志；再次单击就关闭，√标志消失。

③增删、移动参考线　在 ArcMap 窗口布局视图中将鼠标指针放在标尺上单击左键，就会在当前位置增加一条参考线；将鼠标指针放在标尺中参考线箭头上按住鼠标左键拖动，可以移动参考线；在标尺中参考线箭头上单击鼠标右键，打开辅助要素快捷菜单，选择【清除参考线】或【清除所有参考线】命令，删除一条或所有参考线。

(3) 格网

格网是用户用来放置地图元素的参考格点。格网操作包括设置格网的开关、设置格网大小和设置捕捉误差等。

①格网功能的开关　在 ArcMap 窗口布局视图当前数据框外单击鼠标右键，弹出针对整个页面的布局视图操作快捷菜单，选择【格网】→【▦格网】命令，打开或关闭格网。

②格网捕捉开关　在弹出针对整个页面的布局视图操作快捷菜单中，选择【格网】→【捕捉到格网】命令，格网捕捉打开时，命令前有√标志；再次单击就关闭，√标志消失。

③格网大小与捕捉容差设置　在弹出针对整个页面的布局视图操作快捷菜单中，选择【ArcMap 选项】命令，打开【ArcMap 选项】对话框，如图 3-56 所示，在【格网】选项组的【水平间距】和【垂直间距】下拉列表框中设置间距都为"1cm"。在【捕捉容差】文本框中设置地图要素捕捉容差大小为"0.2cm"。

3.2.2　制图数据操作

如果一幅 ArcMap 输出地图包含若干数据组，就需要在版面视图直接操作数据，比如增加数据组、复制数据组、调整数据组尺寸以及生成数据组定位图等。

(1) 增加地图数据组

①在 ArcMap 窗口主菜单栏中单击【插入】菜单，打开【插入】下拉菜单。

②在【插入】下拉菜单中选择【数据框】命令。

③地图显示窗口增加一个新的制图数据组，同时，ArcMap 窗口内容列表中也增加一个"新建数据框"。

(2) 复制地图数据组

①在 ArcMap 窗口布局视图中单击需要复制的原有制图数据组。

②在原有制图数据组上点击鼠标右键打开制图要素操作快捷菜单。

③单击【复制】命令或者直接快捷键"Ctrl + C"将制图数据组复制到剪贴板。

④鼠标移至选择制图数据组以外的图面上，右键打开图面设置快捷菜单，单击【粘贴】命令或者直接按快捷键"Ctrl + V"将制图数据粘贴到地图中。

⑤地图显示窗口增加一个复制数据组，同时，内容列表中也增加一个"数据框"。

(3) 旋转地图数据组

在实际应用中，有时候可能会对输出的制图数据组进行一定角度的旋转，以满足某种制图效果。当然，对制图数据的旋转，只是针对输出图面要素，并不改变所有对应的原始数据层。具体操作步骤如下：

①在 ArcMap 窗口主菜单条中单击【自定义】菜单下的【工具条】命令，打开【数据框工

具】工具条，如图 3-57 所示。

②在工具条上单击旋转数据框按钮。

③将鼠标移至版面视图中需要旋转的数据组上，点击鼠标左键拖放旋转。如果要取消刚才的旋转操作，只需要单击清除旋转按钮。

图 3-57 【数据框工具】工具条

3.2.3 专题地图整饰操作

一幅完整的地图除了包含反映地理数据的线及色彩要素以外，还必须包含与地理数据相关的一系列辅助要素，比如图名、比例尺、图例、指北针、统计图表等。用户可以通过地图整饰操作来管理上述辅助要素。

3.2.3.1 图名的放置与修改

①在 ArcMap 窗口主菜单上单击【插入】→【Title 标题】命令，打开【插入标题】对话框。

②在【插入标题】对话框的文本框中输入所需要的地图标题。

③单击【确定】按钮，关闭【插入标题】对话框，一个图名矩形框出现在布局视图中。

④将图名矩形框拖放到图面合适的位置。

⑤可以直接拖拉图名矩形框调整图名字符的大小，或者鼠标双击图名矩形框，打开【属性】对话框，在【属性】对话框中调整图名的字体、大小等参数。

3.2.3.2 图例的放置与修改

图例符号对于地图的阅读和使用具有重要的作用，主要用于简单明了地说明地图内容的确切含义。通常包括两个部分：一部分用于表示地图符号的点线面按钮，另一部分是对地图符号含义的标注和说明。

(1) 放置图例

①创建 ArcMap 文档，添加数据（位于"…\prj03\符号设置\data"），单击【视图】菜单下的【布局视图】命令，打开布局视图。

②在 ArcMap 窗口主菜单上单击【插入】菜单下的【图例】命令，打开【图例向导】对话框，如图 3-58 所示。

图 3-58 【图例向导】对话框

图 3-59 图例标题设置

③选择【地图图层】列表框中的数据层，使用右向箭头将其添加到【图例项】中。通过向上、向下方向箭头调整图层顺序，也就是调整数据层符号在图例中排列的上下顺序。

④如果图例按照一列排列，在【设置图例中的列数】数值框中输入 1，单击【下一步】

按钮,进入到图 3-59 所示对话框。

⑤在【图例标题】文本框中填入图例标题,在【图例标题字体属性】选项组中可以更改标题的颜色,字体,大小以及对齐方式等,单击【下一步】按钮,进入到图 3-60 所示对话框。

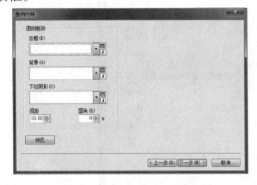 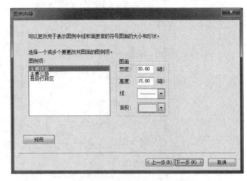

图 3-60　图例框架设置图　　　　　图 3-61　图例项设置

⑥在【图例框架】选项组中更改图例的边框样式,背景颜色,阴影等。完成设置后单击【预览】按钮,可以在版面视图上预览到图例的样子。

⑦单击【下一步】按钮,进入到图 3-61 所示对话框。

⑧选择【图例项】列表中的数据层,在【图面】选项卡设置其属性:宽度(图例方框宽度):28.00;高度(图例方框高度):14.00;线(轮廓线属性)和面积(图例方框色彩属性)。单击【预览】按钮,可以预览图例符号显示设置效果,单击【下一步】按钮,进入到图 3-62 所示对话框。

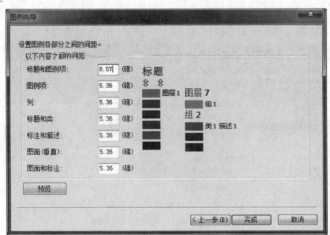

图 3-62　图例间距设置

⑨在【以下内容之间的间距】选项组中,依次设置图例各部分之间的距离。

⑩单击【预览】按钮,可以预览图例符号显示设置效果。单击【完成】按钮,关闭对话框,图例符号及其相应的标注与说明等内容放置在地图版面中。

⑪单击刚刚放置的图例,并按住鼠标左键移动,将其拖放到更合适的位置。如果对图例的图面效果不太满意,可以双击图例,打开【图例属性】对话框,进一步调整参数。

(2)图例内容修改

①双击图例,打开【图例属性】对话框,如图 3-63 所示。

图 3-63 【图例属性常规选项卡】对话框

②在【图例项】窗口选择图层,可以通过上下箭头按钮调整显示顺序。

③在【地图连接】选项组中,设置图例与数据层的相关关系。

④如果要删除图例中的数据层,选中数据层后,单击左箭头按钮使其在【图例项】中消失。

⑤单击【项目】标签,切换到【项目】选项卡,如图 3-64 所示。

图 3-64 【图例属性项目选项卡】对话框

⑥单击【样式】按钮，可以打开【图例项选择器】对话框，调整图例的符号类型，可以使不同数据层具有不同的图例符号，单击【确定】按钮，关闭【图例项选择器】对话框，返回【图例属性】对话框。

⑦在【项目列】区域，选择【在新列中放置项目】复选框，在【项目的列计数】微调框中输入图例列数：2。

⑧单击【确定】拉钮，完成图例内容的选择设置。

3.2.3.3 比例尺的放置与修改

在 ArcMap 系统中，比例尺有数字比例尺和图形比例尺两种，数字比例尺能够非常精确地表达地理要素与所代表的地物之间的定量关系，但不够直观，而且随着地图的变形与缩放，数字比例尺标注的数字是无法相应变化的，无法直接用于地图的量测；而图形比例尺虽然不能精确地表达制图比例，但可以用于地图量测，而且随地图本身的变形与缩放一起变化。由于两种比例尺标注各有优缺，所以在地图上往往同时放置两种比例尺。

（1）图形比例尺

①在 ArcMap 窗口主菜单上单击【插入】下拉菜单下的【比例尺】命令，打开【比例尺选择器】对话框，如图 3-65 所示。

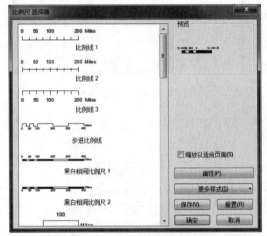

图 3-65 【比例尺选择器】对话框　　　　图 3-66 【比例尺】对话框

②在比例尺符号类型窗口选择比例尺类型：黑白相间比例尺 1，单击【属性】按钮，打开【比例尺】对话框，如图 3-66 所示。

③单击【比例和单位】标签，进入【比例和单位】选项卡。

④在【主刻度数】数值框和【分刻度数】数值框中分别输入 2 和 4。

⑤在【调整大小时】下拉框中选择"调整分割值"。

⑥在【主刻度单位】下拉框中选择比例尺划分单位为"千米"。

⑦在【标注位置】下拉框中选择数值单位标注位置为"条之后"。

⑧在【间距】微调框中设置标注与比例尺图形之间距离为"3pt"。

⑨单击【确定】按钮，关闭【比例尺】对话框，完成比例尺设置。

⑩单击【确定】按钮，关闭【比例尺选择器】对话框，初步完成比例尺放置。

⑪任意移动比例尺图形到合适的位置。另外，可以双击比例尺矩形框，打开相应的图

形比例尺属性对话框，修改图形比例尺的相关参数。

（2）数字比例尺

①在 ArcMap 窗口主菜单上单击【插入】菜单下的【1∶n 比例文本】命令，打开【比例文本选择器】对话框，如图 3-67 所示。

②在系统所提供的数字比例尺类型中选择一种。

③如果需要进一步设置参数，单击【属性】按钮，打开【比例文本】对话框，如图 3-68 所示。

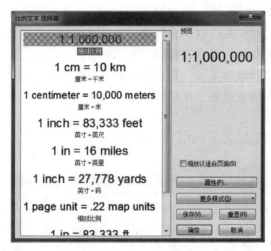

图 3-67 【比例文本选择器】对话框

图 3-68 【比例文本】对话框

④首先选择比例尺类型是【绝对】还是【相对】，默认为【绝对】。如果选择相对类型，还需要确定【页面单位】和【地图单位】。

⑤单击【确定】按钮，关闭【比例文本】对话框，完成比例尺参数设置。

⑥单击【确定】按钮，关闭【比例文本选择器】对话框，完成数字比例尺设置。

⑦移动数字比例尺到合适的位置，调整数字比例尺大小直到满意为止。

3.2.3.4　指北针的放置与修改

指北针指示了地图的方向，在 ArcMap 系统中可通过以下步骤添加指北针。

①在 ArcMap 窗口主菜单上单击【插入】菜单下的【指北针】命令，打开【指北针选择器】对话框，如图 3-69 所示。

②在系统所提供的指北针类型中选一种。这里选择 ESRI 指北针 3。

③如果需要进一步设置参数，单击【属性】按钮，打开【指北针】对话框，如图 3-70 所示。

④在【角度】区域中，设置对齐方式和旋转角度；在【常规】区域中，设置指北针的字体、大小为和颜色。

⑤单击【确定】按钮，关闭指北针对话框。

⑥单击【确定】按钮，关闭【指北针选择器】对话框，完成指北针放置。

⑦移动指北针到合适的位置。

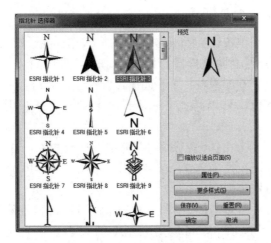

图 3-69 【指北针选择器】对话框　　　　图 3-70 【指北针】对话框

3.2.3.5　图框与底色设置

ArcMap 输出地图中也可以由一个或多个数据组构成。如果输出地图中只含有一个数据组，则所设置的图框与底色就是整幅图的图框与底色。如果输出地图中包含若干数据组，则需要逐个设置，每个数据组可以有不同的图框与底色。

①在需要设置图框的数据组上点击鼠标右键打开快捷菜单，单击【属性】选项，打开【数据框属性】对话框，如图 3-71 所示。

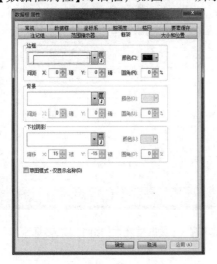
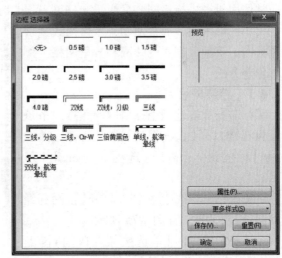

图 3-71 【数据框属性】对话框　　　　图 3-72 【边框选择器】对话框

②单击【框架】标签，进入【框架】选项卡。

③首先，调整图框的形式，在【边框】选项组单击样式选择器█按钮，打开【边框选择器】对话框，如图 3-72 所示。

④选择所需要的图框类型，如果在现有的图框样式中没有找到合适的，可以单击【属性】按钮，改变图框的颜色和双线间距，也可以单击【更多样式】获得更多的样式以供选择。

⑤单击【确定】按钮，返回【数据框属性】对话框，继续底色的设置。在【背景】下拉列

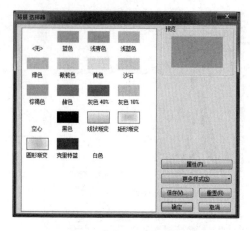

图3-73 【背景选择器】对话框

表中选择需要的底色，若没有选择到合适的底色，单击【背景】选项组中的样式选择器 按钮，打开【背景选择器】对话框，如图3-73所示。

⑥如果在【背景选择器】中选择不到合适的底色，可以单击【更多样式】按钮，获取更多样式。

⑦在【下拉阴影】选项组中调整数组阴影，在下拉框中选择所需要的阴影颜色，和调整底色方法类似。

⑧单击【大小和位置】标签，进入【大小和位置】选项卡。可以对数据框的大小和位置进行设置。

⑨单击【确定】按钮，完成图框和底色的设置。

3.2.4 绘制坐标格网

地图中的坐标格网属于地图的三大要素之一，是重要的要素组成，反映地图的坐标系统和地图投影信息。根据不同制图区域的大小，将坐标格网分为3种类型：小比例尺大区域的地图通常使用经纬网；中比例尺中区域地图通常使用投影坐标网，又叫千米格网；大比例尺小区域地图，通常使用千米格网或索引参考格网。下面以创建经纬网和方里网格为例介绍创建方法。

3.2.4.1 经纬网设置

①在需要放置地理坐标格网的数据组上点击鼠标右键打开【数据框属性】对话框，单击【格网】标签进入【格网】选项卡，如图3-74所示。

②单击【新建格网】按钮，打开【格网和经纬网向导】对话框，如图3-75所示。

③选择【经纬网】单选按钮。在【格网名称】文本框中输入坐标格网的名称。

图3-74 【数据框属性(格网)】对话框

④单击【下一步】按钮，打开【创建经纬网】对话框，如图3-76所示。

⑤在【外观】选项组选择【经纬网和标注】单选按钮。在【间隔】选项组输入经纬线格网的间隔，【纬线间隔】文本框中输入"10度0分0秒"；【经线间隔】文本框中输入"10度0分0秒"。

⑥单击【下一步】按钮，打开【轴和标注】对话框，如图3-77所示。

⑦在【轴】选项组，选中【长轴主刻度】和【短轴主刻度】复选框。单击【长轴主刻度】和【短轴主刻度】后面的【线样式】按钮，设置标注线符号。在【每个长轴主刻度的刻度数】数值框中输入主要格网细分数为"5"。单击【标注】选项组中【文本样式】按钮，设置坐标标注

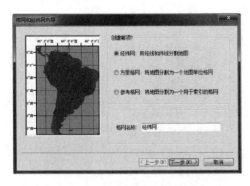

图 3-75 【格网和经纬网向导】对话框

图 3-76 【创建经纬网】对话框

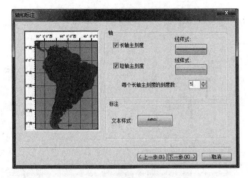

图 3-77 【轴和标注】对话框

图 3-78 【创建经纬网】对话框

字体参数。

⑧单击【下一步】按钮，打开【创建经纬网】对话框，如图 3-78 所示。

⑨在【经纬网边框】选项组中选择【在经纬网边缘放置简单边框】单选按钮；在【内图廓线】选项组中选中【在格网外部放置边框】复选框；在【经纬网属性】选项组中选择【储存为随数据框变化而更新的固定格网】单选按钮。

⑩单击【完成】按钮，完成经纬网的设置，返回【数据框属性】对话框，所建立的经纬网文件显示在列表。

⑪单击【确定】按钮，经纬网出现在版面视图中。

3.2.4.2 方里格网设置

①在需要放置地理坐标格网的数据组上点击鼠标右键打开【数据框属性】对话框，单击【格网】标签进入【格网】选项卡，如图 3-74 所示。

②单击【新建格网】按钮，打开【格网和经纬网向导】对话框，如图 3-79 所示。选择【方里格网】单选按钮在【格网名称】文本框中输入坐标格网的名称。

③单击【下一步】按钮，打开【创建方里格网】对话框，如图 3-80 所示。

④在【外观】选项组中选择【格网和标注】单选按钮（若选择【仅标注】，则只放置坐标标注，而不绘制坐标格网；若选择【刻度和标注】，只绘制格网线交叉十字及标注）；在【间隔】选项组中的【X 轴】和【Y 轴】文本框中输入千米格网的间隔都为"5000"。

⑤单击【下一步】按钮，打开【轴和标注】对话框，如图 3-81 所示。

图 3-79 【格网和经纬网向导】对话框

图 3-80 【创建方里格网】对话框

图 3-81 【轴和标注】对话框

图 3-82 【创建方里格网】对话框

⑥在【轴】选项组中选中【长轴主刻度】和【短轴主刻度】复选框；单击【长轴主刻度】和【短轴主刻度】后面的【线样式】按钮，设置标注线符号。在【每个长轴主刻度的刻度数】数值框中输入主要格网细分数为"5"；单击【标注】选项组中【文本样式】按钮，设置坐标标注字体参数。

⑦单击【下一步】按钮，打开【创建方里格网】对话框，如图 3-82 所示。

⑧在【方里格网边框】选项组中选中【在格网和轴标注之间放置边框】复选框；在【内图廓线】选项组中选中【在格网外部放置边框】复选框；在【格网属性】选项组中选择【存储为随数据框变化而更新的固定格网】单选按钮。

⑨单击【完成】按钮，完成方里格网设置，返回【数据框属性】对话框，所建立的方里格网文件显示在列表中。

⑩单击【确定】按钮，方里格网出现在布局视图中。

当对所创建的经纬网和方里格网不满意时，可在【数据框属性】对话框中单击列表中的经纬网或方里格网名称，然后单击【样式】或【属性】按钮，修改经纬网或方里格网的相关属性；单击【移除格网】按钮，可以将经纬网或方里格网移除；单击【转换为图形】按钮，可将经纬网或方里格网转换为图形元素。

3.2.5 地图输出

编制好的地图通常按两种方式输出：一种是借助打印机或绘图机打印输出；另外一种是转换成通用格式的栅格图形，以便于在多种系统中应用。对于打印输出，关键是要选择设置与编制地图相对应的打印机或绘图机；而对于格式转换输出数字地图，关键是设置好满足需要的栅格采样分辨率。

3.2.5.1 地图打印输出

打印输出首先需要设置打印机或者绘图机及其纸张尺寸，然后进行打印预览，通过打印预览就可以发现是否可以完全按照地图纸制过程中所设置的那样，打印输出地图。如果要打印的地图小于打印机或绘图仪的页面大小，则可以直接打印或选择更小的页面打印；如果打印的地图大于打印机或绘图仪的页面大小，则可以采用分幅打印或者强制打印。

（1）地图分幅打印

①在 ArcMap 窗口主菜单上单击【文件】菜单下的【🖨打印】命令，打开【打印】对话框，如图 3-83 所示。

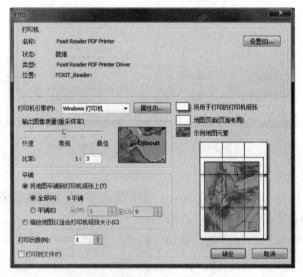

图 3-83 【打印】对话框

②单击【设置】按钮，设置打印机或绘图仪型号以及相关参数。
③单击【将地图平铺到打印机纸张上】单选按钮，选中【全部】单选按钮。
④根据需要在【打印份数】微调框输入打印份数。
⑤单击【确定】按钮，提交打印机打印。

（2）地图强制打印

①在 ArcMap 窗口主菜单上单击【文件】菜单下的【🖨打印】命令，打开【打印】对话框，如图 3-83 所示。
②单击【缩放地图以适合打印机纸张】单选按钮。
③选中【打印到文件】复选框。
④单击【确定】按钮，执行上述打印设置，打开【打印到文件】对话框，如图 3-84 所示。
⑤确定打印文件目录与文件名。
⑥单击【保存】按钮，生成打印文件。

图 3-84 【打印到文件】对话框

3.2.5.2 地图转换输出

ArcMap 地图文档是 ArcGIS 系统的文件格式,不能脱离 ArcMap 环境来运行,但是 ArcMap 提供了多种输出文件格式,诸如 EMF、BMP、EPs、PDF、JPG、TIF 以及 ArcPress 格式,转换以后的栅格或者矢量地图文件就可以在其他环境中应用了。

① 在 ArcMap 窗口主菜单上单击【文件】菜单下的【导出地图】命令,打开【导出地图】对话框,如图 3-85 所示。

② 在【导出地图】对话框中,确定输出文件目录、文件类型和文件名称。

③ 单击【选项】按钮,打开与保存文件类型相对应的文件格式参数设置对话框。

④ 在【分辨率】微调框设置输出图形分辨率为"300"。

⑤ 单击【保存】按钮,输出栅格图形文件。

图 3-85 【导出地图】对话框

任务实施　林地利用现状图的制作

一、目的与要求

通过页面和打印设置、地图整饰、图框设置、绘制方里格网等操作，使学生熟练掌握林业专题图的制作方法。

二、数据准备

行政标记、高程点、林场界、县界、村界、道路、等高线、小班等矢量数据。

三、操作步骤

第1步 打开东山实验林场版面设置.mxd

启动 ArcMap，打开地图文档（位于"…\prj03\任务实施 3-1\result"），如图 3-86 所示。

第2步 固定比例尺

①在 ArcMap 窗口主菜单上单击【视图】菜单下的【数据框属性】按钮，打开【数据框属性】对话框；单击【数据框】标签进入【数据框】选项卡，如图 3-87 所示。

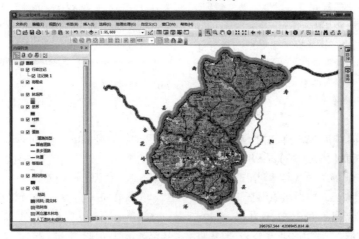

图 3-86　地图文档窗口

图 3-87　【数据框属性】对话框

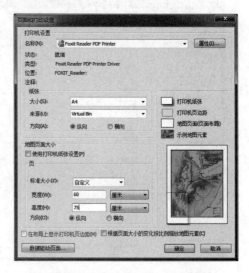

图 3-88　【页面和打印设置】对话框

②按图 3-87 设置对话框参数；单击【确定】按钮，完成比例尺固定操作。

第 3 步　页面和打印设置

①在 ArcMap 窗口主菜单中单击【文件】菜单下的【页面和打印设置】命令，打开【页面和打印设置】对话框，如图 3-88 所示。

②在【页面和打印设置】对话框中，去掉【使用打印机纸张设置】复选框，在【宽度】中输入数值"60"，【高度】中输入数值"75"，单位为"厘米"，【方向】选择为"纵向"。

③单击【确定】按钮，完成页面设置。

第 4 步　页边距设置

①单击【视图】菜单下的【布局视图】命令，进入布局视图，如图 3-89 所示。

②在标尺上单击鼠标左键，增加 4 条参考线，参考线距离纸张边缘距离上：5cm；下：8cm；左：5cm；右：5cm。同时打开捕捉到参考线功能；选中当前数据框，调整数据框的大小，使数据框的 4 条边分别捕捉到 4 条参考线上。

第 5 步　地图整饰

（1）放置图名

①在 ArcMap 窗口主菜单上单击【插入】→【Title 标题】命令；在打开的【插入标题】对话框的文本框中输入地图标题"东山实验林场林地利用现状图"。

②单击【确定】按钮，将图名矩形框拖放到图面合适的位置；双击图名矩形框，打开【属性】对话框，设置如下参数：调整图名的字体为"方正行楷简体"、颜色为"黑色"、大小为"80"并加粗。

（2）放置图例

①在 ArcMap 窗口主菜单上单击【插入】菜单下的【图例】命令，在打开【图例向导】对话框中选择【地图图层】列表框中的所有数据层，使用右向箭头将其添加到【图例项】中。通过向上、向下方向箭头调整图层顺序；【设置图例中的列数】为"1"。

②单击【下一步】按钮，设置【图例标题】参数，此处保持默认。

③单击【下一步】按钮，在打开【图例框架】选项组中更改图例的边框样式为"▭ 1.0 磅"，其他默认。

④单击【下一步】按钮，设置符号图面的大小和形状，此处保持默认；单击【下一步】按钮，设置图例各部分之间的间距，此处保持默认。

⑤双击刚刚创建的图例，打开【图例属性】对话框，单击【项目】标签，切换到【项目】选项卡，如图 3-90 所示。

⑥选中"小班"图层，点击【样式】按钮，打开【图例项选择器】对话框，选择"仅单一符号标注保持水平"，如图 3-91 所示。

⑦单击【确定】按钮，关闭【图例项选择器】对话框，返回【图例属性】对话框。

⑧选中"道路"图层，执行相同操作。

⑨单击【完成】按钮，关闭对话框；单击选中该图例，通过拖拉直接调整图例矩形框的大小，

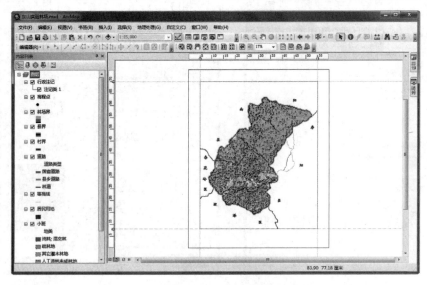

图 3-89　页边距设置

图 3-90 【图例属性】对话框

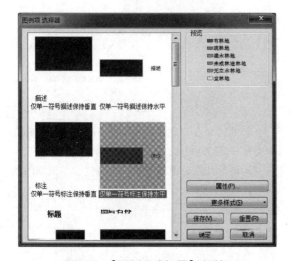

图 3-91 【图例项选择器】对话框

然后将其拖放到合适的位置。

(3) 放置数字比例尺

① 在 ArcMap 窗口主菜单上单击【插入】菜单下的【比例文本】命令，在打开【比例文本选择器】对话框中选择"绝对比例"数字比例尺类型。

② 单击【属性】按钮，打开【比例文本】对话框，设置如下参数：选择比例尺类型为【绝对】，字体大小为"35"，同时加粗字体和加下划线。

③ 单击两次【确定】按钮，完成数字比例尺设置；移动数字比例尺到合适的位置。

(4) 放置指北针

① 在 ArcMap 窗口主菜单上单击【插入】菜单下的【指北针】命令，在打开【指北针选择器】对话框中选择"ESRI 指北针 3"指北针类型。

② 单击【属性】按钮，打开【指北针】对话框，设置如下参数：大小为"260"；颜色为"黑色"；旋转角度为"0"。

③ 单击两次【确定】按钮，完成指北针放置；移动指北针到合适的位置。

(5) 放置编制单位、时间

① 在 ArcMap 窗口主菜单上单击【插入】→【文本】命令；在弹出的文本框中输入"山西林院 2014512405 张某某 2015 年 6 月 编制"，单击回车键，完成文本录入。

② 双击该文本框，打开【属性】对话框，设置如下参数：字体为"宋体"、颜色为"黑色"、大小为"18"并加粗；然后将该文本框拖放到图面合适的位置。

第 6 步　图框设置

① 在数据组上点击鼠标右键打开快捷菜单，单击【属性】选项，打开【数据框属性】对话框；单击【框架】标签，进入【框架】选项卡，在【边框】选项组单击样式选择器 按钮，打开【边框选择器】对话框，选择"   1.5 磅"边框类型。

② 单击两次【确定】按钮，完成图框和底色的设置。

第 7 步　绘制方里格网

① 在【数据框属性】对话框，单击【格网】标签进入【格网】选项卡；单击【新建格网】按钮，打开【格网和经纬网向导】对话框，选择【方里格网】单选按钮；单击【下一步】按钮，打开【创建方里格网】对话框。

② 在【创建方里格网】对话框中选择【仅标注】单选按钮；【X 轴】和【Y 轴】文本框中输入千米格网的间隔都为"1000"。

③ 在【轴和标注】对话框中，选中【长轴主刻度】复选框，单击【文本样式】按钮，设置坐标标注字体大小为"10"。

④ 在【创建方里格网】对话框中，选中【在格网外部放置边框】复选框，单击【线样式】按钮，设置标注线符号颜色为"黑色"，宽度为"2"，选择【存储为随数据框变化而更新的固定格网】单选按钮。

⑤ 单击【完成】按钮，完成方里格网设置。

⑥ 单击刚刚创建的方里格网，然后单击【属性】按钮，打开【参考系统属性】对话框，单击【标注】标签进入【标注】选项卡，单击【其他属性】按

钮，打开【格网标注属性】对话框，在该对话框中，单击【颜色】下拉框，选择【无颜色】。

⑦单击【确定】按钮，关闭【格网标注属性】对话框，完成方里格网标注属性的修改；单击【确定】按钮，关闭【参考系统属性】对话框。

⑧单击【确定】按钮，关闭【数据库属性】对话框，完成方里格网的绘制。

第8步　保存、导出地图

①在【文件】菜单下点击【另存为】命令，在弹出菜单中指定输出位置(位于"…\ prj03\任务实施3-2\ result")和文件名(东山实验林场版面设置)，单击【确定】按钮，所有制图版面设置都将保存在该地图文档中。

②单击【文件】菜单下的【导出地图】命令，在打开的【导出地图】对话框中，设置【保存类型】为"JPG"，【文件名称】为"东山实验林场林地利用现状图"，【保存在】为"E：\ prj03\任务实施3-2\ result"。

③单击【选项】按钮，在文件格式参数设置对话框中设置输出图形分辨率为"300"；单击【保存】按钮，输出栅格图形文件，结果如图3-92所示。

四、成果提交

做出书面报告，包括任务实施过程和结果以及心得体会，具体内容如下：

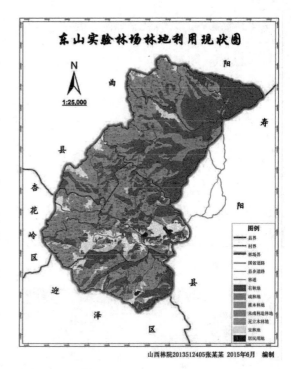

图3-92　林地利用现状图

1. 简述林业专题图制作的任务实施过程，并附上每一步的结果影像。

2. 回顾任务实施过程中的心得体会，遇到的问题及解决方法。

林业地图图式（LY/T 1821—2009）

一、	林相色标					
	树种	龄　组				色值
		幼龄林	中龄林	近熟林	成过熟林	
1	红松、樟子松、云南松、高山松、油松、马尾松、华山松及其他松属					C10Y10 C25Y25 C60Y60 C100Y100
2	落叶松、杉木、柳杉、水杉、油杉、池杉					C5Y10 C20Y35 C45Y75 C70Y100K5

（续）

树种		龄组				色值
		幼龄林	中龄林	近熟林	成过熟林	
3	云杉（红皮臭、鱼鳞松、沙松）、冷杉（白松、杉松、臭松）、铁杉、柏属					M8 M30 M65 M95K10
4	樟、楠、檫木、桉及其他常绿阔叶树					C3Y20 C10Y45 C20Y80 C40Y100M5
5	水曲柳、核桃楸、黄波罗、栎类、榆、桦及其他硬阔叶树					C8M5 C30M20 C60M50 C85M80
6	白桦、杨、柳、椴类、泡桐及其他软阔叶树					C10 C30 C60 C90K10
7	经济林各树种	产前期	初产期	盛产期	衰产期	色值
						M10Y10 M25Y20 M55Y40 M80870
8	竹类	幼龄竹	壮龄竹	老龄竹		色值
						M8Y35 M30Y60 M55Y95
9	红树林					C25M45

二、林种色标

	林种	颜色样式	色值
1	防护林		C15Y20
2	特殊用途林		C5M20
3	用材林		C10Y35K3
4	薪炭林		M10Y30
5	经济林		M35Y25

(续)

三		地类色标	
	林地	颜色样式	色值
1	有林地 　a. 乔木 　b. 红树林 　c. 竹林		C30Y45 C25M45 M30Y60
2	疏林地		C20Y60
3	灌木林地		C20M25
4	未成林造林地		C10Y35M15
5	苗圃地		C55Y80
6	无立木林地		M35Y20
7	宜林地		Y40K5

自主学习资源库

1. GIS 门户. http://www.gisera.com
2. GIS 公园. http://www.gispark.com
3. 中国 GIS 协会. http://www.cagis.org.cn
4. 中国 GIS 时代网. http://www.gistime.com/
5. 集思学院. http://www.cngis.org/bbs/index.php
6. GIS 动力站. http://www.gispower.org/index.htm
7. 林业 GIS 讨论区. http://bbs.chinaok.com/forumdisplay.php?f=54

参考文献

吴秀芹, 张洪岩, 李瑞改, 等. 2007. ArcGIS9.0 地理信息系统应用与实践[M]. 北京: 清华大学出版社.

牟乃夏, 刘文宝, 王海银, 等. 2013. ArcGIS10.0 地理信息系统教程——从初学到精通[M]. 北京: 测绘出版社.

项目 4　林业空间数据分析

本学习项目是一个拓展实训项目，空间分析是地理信息系统的核心功能，有无空间分析功能是 GIS 与其他系统相区别的标志。通过本项目"矢量数据空间分析""栅格数据空间分析"和"ArcScene 三维可视化"三个任务的学习和训练，要求学生能够熟练掌握最基本的空间数据分析方法以及二维数据的三维显示方法和三维动画的制作。

知识目标

（1）掌握矢量数据的缓冲区分析、叠加分析等空间分析基本操作和用途。
（2）掌握栅格数据的表面分析、邻域分析、重分类、栅格计算等空间分析基本操作和用途。
（3）掌握二维数据的三维显示方法及制作三维动画的基本操作。

技能目标

（1）能熟练运用缓冲区向导或工具建立缓冲区。
（2）能熟练地对矢量数据进行各种叠加分析。
（3）能熟练地运用表面分析提取栅格数据中的空间信息。
（4）能熟练地通过叠加栅格表面三维显示影像数据。
（5）能熟练地制作三维动画。
（6）能选择合适的空间分析工具解决复杂的实际问题。

任务1　矢量数据的空间分析

☞ **任务描述**　矢量数据的空间分析是 GIS 空间分析的主要内容之一。由于其一定的复杂性和多样性特点，一般不存在模式化的分析处理方法，主要是基于点、线、面3种基本形式。在 ArcGIS 中，矢量数据的空间分析方法主要有缓冲区分析和叠加分析等。本任务将从这两个分析入手，学习矢量数据的空间分析。

☞ **任务目标**　经过学习和训练，使学生能够熟练运用 ArcMap 软件对矢量数据进行缓冲区分析和叠加分析，从而解决实际问题。

知识链接

4.1.1　缓冲区分析概念

缓冲区分析是对一组或一类地图要素(点、线或面)按设定的距离条件，围绕这组要素而形成具有一定范围的多边形实体，从而实现数据在二维空间扩展的信息分析方法。点、线、面向量实体的缓冲区表示该向量实体某种属性的影响范围，它是地理信息系统重要的和基本的空间操作功能之一。

4.1.2　叠加分析概念

叠加分析是指在统一的空间参考下，将两个或多个数据层进行叠加产生一个新的数据层的过程，其结果综合了原来两个或多个数据层所具有的属性，同时，叠加分析不仅生成了新的空间关系，而且还产生了新的属性关系。叠加分析是地理信息系统中常用来提取空间隐含信息的方法之一。

4.1.3　缓冲区分析

缓冲区的建立有两种方法：一种是用缓冲区向导建立；另一种是用缓冲区工具建立。点、线、面要素的缓冲区建立过程基本一致。

4.1.3.1　用缓冲区向导建立缓冲区

(1)添加缓冲区向导工具

①在 ArcMAP 窗口菜单栏，单击【自定义】→【自定义模式】命令，打开【自定义】对话框。

②切换到【命令】选项卡，在【类别】列表框中选择【工具】，然后再【命令】列表框中选择【缓冲向导】，将其拖动到工具栏中。

(2)创建缓冲区

①单击工具栏上的添加数据按钮 ，添加数据(位于"…\prj04\缓冲区分析\data")。

②单击工具栏中的缓冲区向导工具 ，打开【缓冲向导】对话框,如图4-1所示。

图4-1 【缓冲向导】对话框

③单击【图层中的要素】下拉列表框中选择建立缓冲区的图层,如果该图层中有选中要素并仅对选中要素进行缓冲区分析,则选中【仅使用所选要素】复选框。单击【下一步】按钮,弹出【缓冲区类型】对话框,如图4-2所示。

图4-2 【缓冲区类型】对话框

④在【缓冲区类型】对话框中,提供了3种方式建立缓冲区。

• 【以指定的距离】是以一个给定的距离建立缓冲区(普通缓冲区)。

• 【基于来自属性的距离】是以分析对象的属性值作为权值建立缓冲区(属性权值缓冲区)。

• 【作为多缓冲区圆环】是建立一个给定环个数和间距的分级缓冲区(分级缓冲区)。

这里我们选择第一种(普通缓冲区)方法,指定缓冲距离为300m,完成缓冲区类型和距离设置。单击【下一步】按钮,弹出【缓冲区存放选择】对话框,如图4-3所示。

⑤在【缓冲区输出类型】中,选择是否将相交的缓冲区融合在一起;如果使用的是面

图 4-3 【缓冲区存放选择】对话框

状要素,那么在【创建缓冲区使其】中对多边形进行内缓冲和外缓冲的选择;在【指定缓冲区的保存位置】中选择第三种生成结果文档的方法。

⑥单击【完成】按钮,完成使用缓冲区向导建立缓冲区的操作,结果如图 4-4 所示。

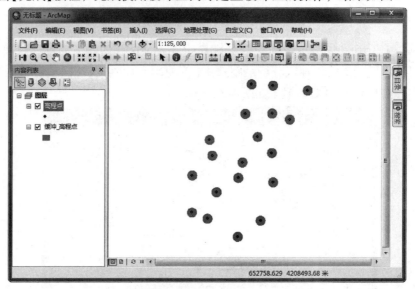

图 4-4 缓冲区分析结果

4.1.3.2 使用缓冲区工具建立缓冲区

①在 ArcMAP 窗口菜单栏,单击【地理处理】→【缓冲区】命令,打开【缓冲区】对话框,如图 4-5 所示。

②在【缓冲区】对话框中,单击 按钮,添加【输入要素】数据(位于"…\ prj04 \ 缓冲区分析 \ data")。

③在【输出要素类】中,指定输出要素类的保存路径和名称。

④在【距离[值或字段]】中,选择【线性单位】按钮,输入值为"200",单位为"米"。

⑤【侧类型(可选)】下拉列表中有 3 个选项:FULL、LEFT 和 RIGHT。

- FULL 指在线的两侧建立多边形缓冲区,默认情况下为此值。
- LEFT 指在线的拓扑左侧建立缓冲区。

● RIGHT 指在线的拓扑右侧建立缓冲区。

⑥【末端类型(可选)】下拉列表中有两个选项：ROUND 和 FLAT。

● ROUND 指端点处是半圆，默认情况下为此值。

● FLAT 指在线末端创建矩形缓冲区，此矩形短边的中点与线的端点重合。

⑦【融合类型(可选)】下拉列表中有三个选项：NONE、ALL 和 LIST。

● NONE 指不执行融合操作，不管缓冲区之间是否有重合，都完整保留每个要素的缓冲区，默认情况下为此值。

图 4-5　【缓冲区】对话框

● ALL 指融合所有的缓冲区成一个要素，去除重合部分。

● LIST 指根据给定的字段列表来进行融合，字段值相等的缓冲区才进行融合。

在此我们选择 ALL，融合所有的缓冲区。

⑧单击【确定】按钮，完成缓冲区分析操作，结果如图 4-6 所示。

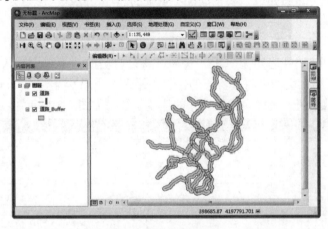

图 4-6　缓冲区分析结果

4.1.3.3　使用缓冲区工具建立多环缓冲区

在输入要素周围的指定距离内创建多个缓冲区。使用缓冲距离值可随意合并和融合这些缓冲区，以便创建非重叠缓冲区。制作林场界的时候可以使用该方法。

下面还是以实验林场的数据为例，建立林班的多环缓冲区，具体操作步骤如下：

①在 ArcToolbox 中双击【分析工具】→【邻域分析】→【多环缓冲区】，打开【多环缓冲区】对话框，如图 4-7 所示。

②在【多环缓冲区】对话框中，单击 按钮，添加【输入要素】数据(位于"… \ prj04 \ 缓冲区分析 \ data")。

③在【输出要素类】中，指定输出要素类的保存路径和名称。

④在【距离】文本框中设置缓冲距离，输入距离后，单击 按钮，将其添加到列表中，可多次输入缓冲距离，如 100，200。

图 4-7 【多环缓冲区】对话框

⑤在【缓冲区单位】中选择单位为"Meters"。

⑥【融合选项(可选)】下拉列表中有两个选项：ALL 和 NONE。

- ALL 是指缓冲区将是输入要素周围不重叠的圆环，默认情况下为此值。
- NONE 是指缓冲区将是输入要素周围重叠的圆盘。

在此我们选择 ALL，缓冲区是不重叠的圆环。

⑦选中【仅在外部(可选)】复选框，缓冲区将是空心的，不包含输入多边形本身。如果不选中此参数，那么缓冲区将是实心的，包含输入多边形本身。

⑧单击【确定】按钮，完成多环缓冲区的建立，结果如图 4-8 所示。

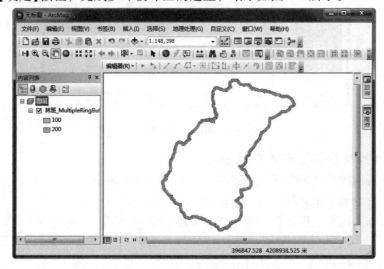

图 4-8 多环缓冲区分析结果

4.1.4 叠加分析

根据操作形式的不同，叠加分析可以分为擦除分析、标识分析、相交分析、交集取反、联合分析、更新分析和空间连接等 7 类。

4.1.4.1 擦除分析

(1) 擦除分析定义

图层擦除是指输入图层根据擦除图层的范围大小，将擦除参照图层所覆盖的输入图层内的要素去除，最后得到剩余的输入图层的结果。

擦除要素可以为点、线或面，只要输入要素的要素类型等级与之相同或较低。面擦除要素可用于擦除输入要素中的面、线或点；线擦除要素可用于擦除输入要素中的线或点；点擦除要素仅用于擦除输入要素中的点。下面以面与面的擦除分析为例介绍操作步骤。

(2) 擦除分析操作步骤

①在 ArcMap 主界面中，单击 按钮，打开 ArcToolbox 工具箱。

②在 ArcToolbox 中双击【分析工具】→【叠加分析】→【擦除】，打开【擦除】对话框，如图 4-9 所示。

图 4-9 【擦除】对话框

③在【擦除】对话框中，点击 按钮，添加【输入要素】和【擦除要素】数据（位于"…\prj04\擦除分析\data"）。

④在【输出要素类】中指定输出要素图层的保存位置和名称。

⑤在【XY 容差】文本框中输入容差值，并设置容差值的单位。

⑥单击【确定】按钮，完成擦除分析操作，结果如图 4-10 所示。

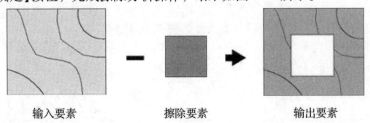

图 4-10 擦除分析结果

4.1.4.2 标识分析

(1) 标识分析定义

标识分析是指计算输入要素和标识要素的几何交集，输入要素与标识要素的重叠部分将获得这些标识要素的属性。

输入要素可以是点、线、面，但不能是注记要素、尺寸要素或网络要素。标识要素必须是面，叠加生成的输出要素与输入要素的几何类型相同。标识分析主要有 3 种类型：面与面，线与面和点与面的标识分析。下面以面与面的标识分析为例介绍操作步骤。

（2）标识分析操作步骤

①在 ArcToolbox 中双击【分析工具】→【叠加分析】→【标识】，打开【标识】对话框，如图 4-11 所示。

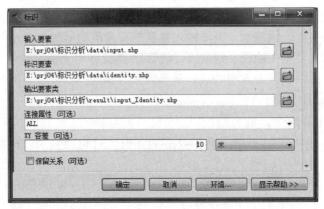

图 4-11 【标识】对话框

②在【标识】对话框中，点击 按钮，添加【输入要素】和【标识要素】数据（位于"…\prj04 \ 标识分析 \ data"）。

③在【输出要素类】中，指定输出要素类的保存路径和名称。

④【连接属性(可选)】下拉列表中有 3 个选项：ALL、NO_ FID、ONLY_ FID，通过其确定输入要素的哪些属性将传递到输出要素类。

- ALL 指输入要素的所有属性都将传递到输出要素类中。默认情况下为此值。
- NO_ FID 指除 FID 外，输入要素的其余属性都将传递到输出要素类中。
- ONLY_ FID 指只有输入要素的 FID 字段将传递到输出要素类中。

⑤在【XY 容差】文本框中输入容差值，并设置容差值的单位。

⑥【保留关系】为可选项，它用来确定是否将输入要素和标识要素之间的附加关系写入到输出要素中。仅当输入要素为线并且标识要素为面时，此选项才适用。

⑦单击【确定】按钮，完成标识分析操作，结果如图 4-12 所示。

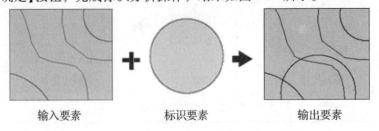

图 4-12 标识分析结果

4.1.4.3 相交分析

（1）相交分析定义

相交分析是指计算输入要素的几何交集。由于点、线、面三种要素都有可能获得交集，所以相交分析的情形可以分为 7 类：面与面，线与面，点与面，线与线，线与点，点与点，以及点、线面三者相交。下面以面与面的相交分析为例介绍操作步骤。

（2）相交分析操作步骤

①在 ArcToolbox 中双击【分析工具】→【叠加分析】→【相交】，打开【相交】对话框，如图 4-13 所示。

图 4-13 【相交】对话框

②在【相交】对话框中，点击 按钮，添加【输入要素】数据（位于"…\prj04\相交分析\data"）。

③在【输出要素类】中，指定输出要素类的保存路径和名称。

④在【连接属性(可选)】下拉列表中选择"ALL"。

⑤在【XY 容差】文本框中输入容差值，并设置容差值的单位。

⑥【输出类型】下拉框中有 3 个选项：INPUT、LINE、POINT。

- INPUT 指将【输出类型】保留为默认值，可生成叠置区域。
- LINE 指将【输出类型】指定为"线"，生成结果为线。
- POINT 指将【输出类型】指定为"点"，生成结果为点。

⑦单击【确定】按钮，完成相交分析操作，结果如图 4-14 所示。

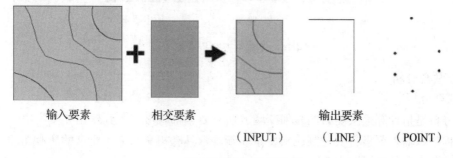

图 4-14 相交分析结果

4.1.4.4 交集取反分析

(1) 交集取反分析定义

交集取反分析是指输入要素和更新要素中不叠置的要素或要素的不重叠部分将被写入到输出要素类中。输入要素和更新要素必须具有相同的几何类型。下面以面与面的交集取反分析为例介绍操作步骤。

(2) 交集取反分析操作步骤

①在 ArcToolbox 中双击【分析工具】→【叠加分析】→【交集取反】,打开【交集取反】对话框,如图 4-15 所示。

图 4-15 【交集取反】对话框

②在【交集取反】对话框中,点击 按钮,添加【输入要素】和【更新要素】数据(位于"…\prj04\交集取反分析\data")。

③在【输出要素类】中,指定输出要素类的保存路径和名称。

④在【连接属性(可选)】下拉列表中选择"ALL"。

⑤在【XY 容差】文本框中输入容差值,并设置容差值的单位。

⑥单击【确定】按钮,完成交集取反分析操作,结果如图 4-16 所示。

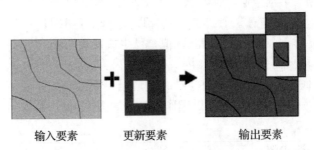

图 4-16 交集取反分析结果

4.1.4.5 联合分析

(1) 联合分析定义

联合分析是指计算输入要素的几何交集,所有要素都将被写入到输出要素类中。在联合分析过程中,输入要素将被分割成新要素,新要素具有相交的输入要素的所有属性。同时要求输入要素必须是面要素。

（2）联合分析操作步骤

①在 ArcToolbox 中双击【分析工具】→【叠加分析】→【联合】，打开【联合】对话框，如图 4-17 所示。

②在【联合】对话框中，点击 按钮，添加【输入要素】数据（位于"…\prj04\联合分析\data"）。

③在【输出要素类】中，指定输出要素类的保存路径和名称。

④在【连接属性（可选）】下拉列表中选择"ALL"。

⑤在【XY 容差】文本框中输入容差值，并设置容差值的单位。

⑥【允许间隙存在】为可选项，选择允许，被其他要素包围的空白区域将不被填充，反之，则会被填充。

图 4-17 【联合】对话框

⑦单击【确定】按钮，完成联合分析操作，结果如图 4-18 所示。

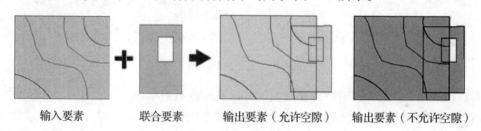

输入要素　　　联合要素　　　输出要素（允许空隙）　　　输出要素（不允许空隙）

图 4-18 联合分析结果

4.1.4.6 更新分析

（1）更新分析定义

更新分析是指计算输入要素和更新要素的几何交集。输入要素中与更新要素相交部分的属性和几何都将会在输出要素类中被更新要素所更新。

同时要求输入要素和更新要素必须是面，输入要素类与更新要素类的字段名称必须保持一致，如果更新要素类缺少输入要素类中的一个（或多个）字段，则将从输出要素类中移除缺失字段。

（2）更新分析操作步骤

①在 ArcToolbox 中双击【分析工具】→【叠加分析】→【更新】，打开【更新】对话框，如图 4-19 所示。

②在【更新】对话框中，点击 按钮，添加【输入要素】和【更新要素】数据（位于"…\prj04\更新分析\data"）。

③在【输出要素类】中，指定输出要素类的保存路径和名称。

④【边框】为可选项，如果选中，则沿着更新要素外边缘的多边形边界将被删除，反之，则不会被删除。

图 4-19 【更新】对话框

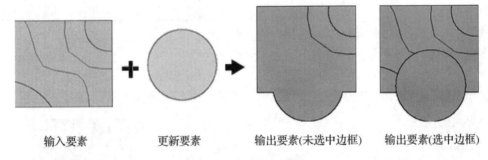

输入要素　　　　更新要素　　　　输出要素(未选中边框)　　输出要素(选中边框)

图 4-20 更新分析结果

⑤在【XY 容差】文本框中输入容差值,并设置容差值的单位。

⑥单击【确定】按钮,完成更新分析操作,结果如图 4-20 所示。

4.1.4.7 空间连接

(1) 空间连接定义

空间连接是指基于两个要素类中要素之间的空间关系将属性从一个要素类传递到另一个要素类的过程。下面应用具体的实例来说明空间连接的功能和操作步骤。假设某林场有两个行政村(林班):占道和后沟,同时拥有该林场的道路图层,如图 4-21 所示。利用空间连接求出每个行政村内道路的长度。

(2) 空间连接操作步骤

①在 ArcToolbox 中双击【分析工具】→【叠加分析】→【空间连接】,打开【空间连接】对话框,如图 4-22 所示。

图 4-21 林班和道路图

②在【空间连接】对话框中,点击 按钮,添加【目标要素】和【连接要素】数据(位于"…\prj04\更新分析\data")。

③在【输出要素类】中,指定输出要素类的保存路径和名称。

④【连接操作(可选)】下拉框中有两个选项:JOIN_ONE_TO_ONE 和 JOIN_ONE_TO_MANY。

● JOIN_ONE_TO_ONE 指在相同空间关系下,如果一个目标要素对应多个连接要素,就会使用字段映射合并规则对连接要素中某个字段进行聚合,然后将其传递到输出要素类。默认情况下为此值。

• JOIN_ONE_TO_MAN 指在相同空间关系下，如果一个目标要素对应多个连接要素，输出要素类将会包含多个目标要素。

⑤右击"SHAPE_leng（双精度）"字段，选择【合并规则】→【总和】，如图4-22所示。

⑥【匹配选项（可选）】下拉框中有四个选项：INTERSECT、CONTAINS、WITHIN 和 CLOSEST。

• INTERSECT 指如果目标要素与连接要素相交，则将连接要素的属性传递到目标要素。默认情况下为此值。

• CONTAINS 指如果目标要素包含连接要素，则将连接要素的属性传递到目标要素。

• WITHIN 指如果目标要素位于连接要素内部，则将连接要素的属性传递到目标要素。

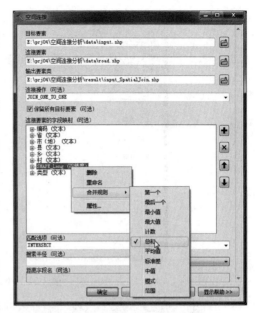

图 4-22 【空间连接】对话框

• CLOSEST 指将最近的连接要素的属性传递到目标要素。

⑦其他选项默认，单击【确定】按钮，完成空间连接操作，结果如图4-23所示。

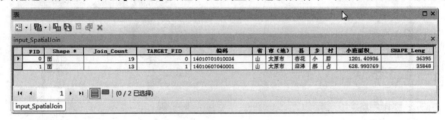

图 4-23 空间连接结果

任务实施 红脂大小蠹诱捕器安置区域的选择

一、目的与要求

通过诱捕器安置区域的选择，引导学生熟练掌握利用 ArcGIS 矢量数据空间分析中缓冲区分析和叠加分析的相交和擦除功能，解决实际问题。

二、数据准备

小班、道路、诱捕器安装点等矢量数据以及地图文档（诱捕器.mxd）。

三、操作步骤

第1步 打开诱捕器.mxd

启动 ArcMap，打开地图文档（位于"...\prj04\任务实施4-1\data"）。

第2步 小班影响范围的建立

①打开小班属性表，通过属性选择，选中主要树种为油松、侧柏和落叶松的小班。导出数据为"小班选择"，结果如图4-24所示。

②在 ArcToolbox 中双击【分析工具】→【邻域分析】→【多环缓冲区】，打开【多环缓冲区】对话框，设置如下参数：

•【输入要素】：小班选择；【输出要素类】："...\prj04\任务实施4-1\result\缓冲_小班选择.shp"。

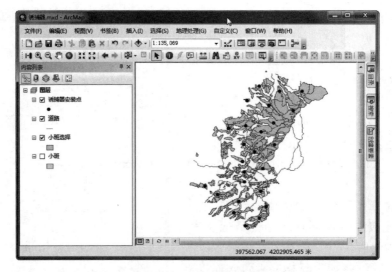

图 4-24 小班按树种选择结果

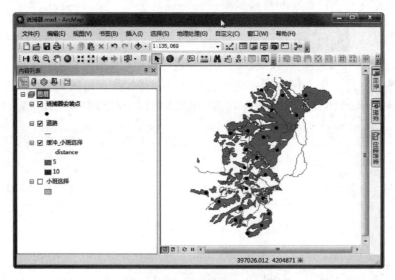

图 4-25 小班影响范围缓冲区

● 【距离】：5，10；【缓冲区单位】：Meters。

● 【字段名】：distance；【融合选项（可选）】：ALL。

● 不选【仅在外部(可选)】复选框。

③单击【确定】按钮，完成小班选择影响范围多环缓冲区的建立，结果如图 4-25 所示。

第 3 步 道路影响范围的建立

①单击缓冲区向导工具，打开【缓冲向导】对话框，设置如下参数：

● 【图层中的要素】：道路；单击【下一步】按钮。

● 指定缓冲区距离：200；距离单位：米；单击【下一步】按钮。

● 在【缓冲区输出类型】中，选择"是"。

● 确定输出位置："...\prj04\任务实施\result\缓冲_道路.shp"。

②单击【完成】按钮，完成道路影响范围缓冲区的建立，结果如图 4-26 所示。

第 4 步 已安置诱捕器地点影响范围的建立

①单击缓冲区向导工具，打开【缓冲向导】对话框，设置如下参数：

● 【图层中的要素】：诱捕器安装点；单击【下一步】按钮。

● 指定缓冲区距离：600；距离单位：米；单

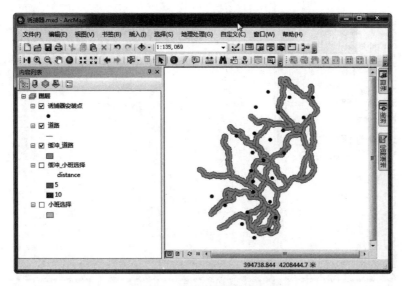

图 4-26 道路影响范围缓冲区

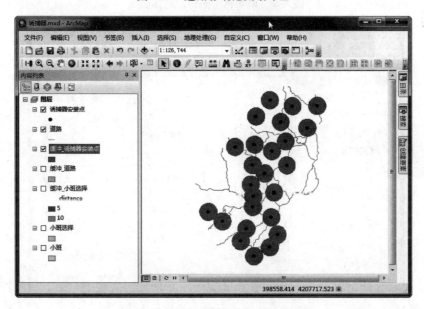

图 4-27 已安置诱捕器影响范围缓冲区

击【下一步】按钮。

　　• 在【缓冲区输出类型】中，选择"是"。

　　• 确定输出位置："…\prj04\任务实施 4-1\result\缓冲_诱捕器安装点.shp"。

　　② 单击【完成】按钮，完成已安置诱捕器地点影响范围缓冲区的建立，结果如图 4-27 所示。

　　第 5 步　进行叠加分析，求出同时满足三个条件的区域

　　① 求出小班和道路两个图层缓冲区的交集区域，操作步骤如下：

　　• 在 ArcToolbox 中，双击【分析工具】→【叠加分析】→【相交】，打开【相交】对话框。

　　• 点击 ![icon] 按钮，添加【输入要素】数据：缓冲_小班选择.shp 和缓冲_道路.shp。

　　•【输出要素类】："…\prj04\任务实施 4-1\result\缓冲_Two.shp"。

　　•【连接属性（可选）】为 ALL；【输出类型】为 INPUT。

　　• 单击【确定】按钮，完成相交分析操作，求出的交集区域如图 4-28 所示。

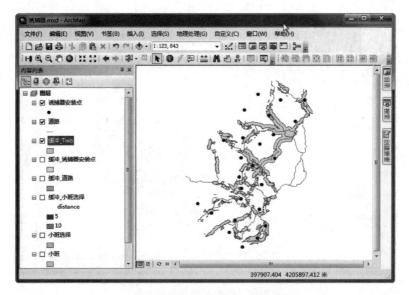

图 4-28　满足两个条件的选择区域

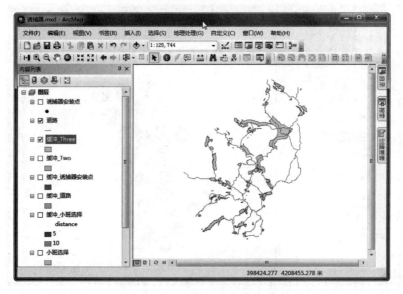

图 4-29　需安置诱捕器的区域

②求出同时满足三个条件的区域，操作步骤如下：

• 在 ArcToolbox 中，双击【分析工具】→【叠加分析】→【擦除】，打开【擦除】对话框。

• 点击 按钮，添加【输入要素】数据：缓冲_Two.shp 和【擦除要素】数据：缓冲_诱捕器安置点.shp。

• 指定保存位置和名称："…\prj04\任务实施 4-1\result\缓冲_Three.shp"。

• 单击【确定】按钮，完成擦除分析操作，求出的满足以上三个条件的区域如图 4-29 所示。

四、成果提交

做出书面报告，包括任务实施过程和结果以及心得体会，具体内容如下：

1. 简述红脂大小蠹诱捕器安置区域选择的任务实施过程，并附上每一步的结果影像。

2. 回顾任务实施过程中的心得体会，遇到的问题及解决方法。

任务 2 栅格数据的空间分析

☞ **任务描述** 栅格数据结构简单、直观,非常利于计算机操作和处理,是 GIS 常用的空间基础数据格式。基于栅格数据的空间分析是 GIS 空间分析的基础,也是 ArcGIS 空间分析模块(Spatial Analyst)的核心内容。该模块允许用户从 GIS 数据中快速获取所需信息,并以多种方式进行分析操作,主要包括表面分析、邻域分析、重分类、栅格计算等。本任务将从这些分析入手,学习栅格数据的空间分析。

☞ **任务目标** 经过学习和训练,使学生能够熟练运用 ArcMap 软件对栅格数据进行表面分析、邻域分析、重分类、栅格计算等操作,从而解决实际问题。

知识链接

4.2.1 栅格数据的概念

栅格数据是按网格单元的行与列排列、具有不同灰度或颜色的阵列数据。每一个单元(像素)的位置由它的行列号定义,所表示的实体位置隐含在栅格行列位置中,数据组织中的每个数据表示地物或现象的非几何属性或指向其属性的指针。

最简形式的栅格由按行和列(或格网)组织的单元(或像素)矩阵组成,其中的每个单元都包含一个信息值(例如温度)。栅格可以是数字航空摄影、卫星影像、数字图片或扫描的地图。

基本操作

4.2.2 栅格数据分析的环境设置

在进行栅格数据的空间分析操作之前,首先应对相关参数进行设置,主要包括:加载空间分析模块、为分析结果设置工作路径、坐标系统、分析范围和像元大小等。

这些参数可在四个级别下进行设置,首先是针对使用的应用程序进行设置,以便将环境设置应用于所有工具,并且可以随文档一起保存;其次是针对使用的某个工具进行设置,工具级别设置适用于工具的单次运行并且会覆盖应用程序级别设置;再次是针对某个模型进行设置,以便将环境设置应用于模型中的所有过程,并且会覆盖应用程序级别设置和工具级别设置;最后是针对模型流程进行设置,它随模型一起保存,并且会覆盖模型级别设置。这些级别只在访问方式和设置方式上有所不同。

应用程序级别环境设置步骤：单击【地理处理】主菜单下的【环境】命令，打开【环境设置】对话框，即可进行各项参数的设置。

工具级别环境设置步骤：在 ArcToolbox 窗口中打开任意一个工具对话框，单击【环境】按钮，打开【环境设置】对话框，即可对各项参数进行设置。

模型级别与模型流程级别环境设置步骤：在【模型】对话框中，单击【模型】→【模型属性】命令，打开【模型属性】对话框，切换到【环境】选项卡，选中要设置的环境前面的复选框(可多选)，单击【值】按钮，打开【环境设置】对话框进行设置。

4.2.2.1 加载空间分析模块

空间分析模块(Spatial Analyst)是 ArcGIS 外带的扩展模块，虽然在 ArcGIS 安装时自动挂接到 ArcGIS 的应用程序中，但是并没有加载，只有获得了它的使用许可后，才能加载和有效使用。

加载空间分析模块的操作过程如下：

①在 ArcMAP 窗口菜单栏，单击【自定义】→【扩展模块】命令，打开【扩展模块】对话框，选择 Spatial Analyst，如图 4-30 所示。

②单击【关闭】按钮，关闭【扩展模块】对话框。

③在 ArcMap 菜单栏或工具栏区，单击鼠标右键，选择 Spatial Analyst 工具。Spatial Analyst 工具条出现在 ArcMap 视图中，如图 4-31 所示。

4.2.2.2 设置工作路径

ArcGIS 空间分析的中间过程文件和结果文件均自动保存到指定的工作目录中。缺省情况下工作目录通常是系统的临时目录。为了方便数据管理，可以通过【环境设置】中【工作空间】选项的设置，指定新的存放位置。

设置步骤如下：

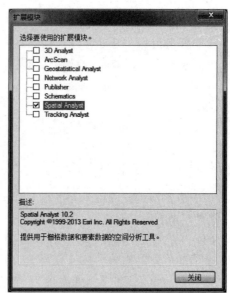

图 4-30 【扩展模块】对话框

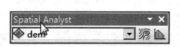

图 4-31 Spatial Analyst 工具条　　图 4-32 工作空间设置

①在【环境设置】对话框中单击【工作空间】标签，如图 4-32 所示。

②在【当前工作空间】和【临时工作空间】文本框中输入存放路径。

③单击【确定】按钮，完成设置。

4.2.2.3 设置坐标系统

在栅格数据的空间分析中,可以指定结果文件的坐标系统。

设置步骤如下:

①在【环境设置】对话框中单击【输出坐标系】标签,如图 4-33 所示。

图 4-33 输出坐标系统设置

②在【输出坐标系】下拉框中有 4 个选项:与输入相同、如下面的指定、与显示相同和与图层相同。

- 与输入相同指输出地理数据集的坐标系与第一个输入坐标系相同。这是默认设置。
- 如下面的指定指为输出地理数据集选择坐标系。
- 与显示相同指在 ArcMap、ArcScene 或 ArcGlobe 中,均将使用当前显示的坐标系。
- 与图层相同指在列出的所有图层中,可以选择一个作为坐标系。

③单击【确定】按钮,完成设置。

4.2.2.4 设置分析范围

在栅格数据的空间分析中,分析范围由所使用的工具决定。但在实际应用中还是需要自定义一个分析范围。

设置步骤如下:

①在【环境设置】对话框中单击【处理范围】标签,如图 4-34 所示。

图 4-34 结果文件的范围设置

②在【范围】下拉框中有 6 个选项：默认、输入的并集、输入的交集、如下面的指定、与显示相同和与图层相同。
- 默认指由所使用的工具决定处理范围。
- 输入的并集指所有输入数据的组合范围。所有要素或栅格都会被处理。
- 输入的交集指所有输入要素或栅格所叠置的范围。
- 如下面的指定指输入矩形的坐标。
- 与显示相同指在 ArcMap、ArcScene 或 ArcGlobe 中，均将使用当前显示的范围。
- 与图层相同指在列出的所有图层中，可以选择一个作为范围。

③单击【确定】按钮，完成设置。

4.2.2.5 设置像元大小

在输出栅格数据时，需要设置输出栅格像元大小。选择合适的像元大小，对实现空间分析非常重要。如果像元过大则分析结果精确度降低，如果像元过小则会产生大量的冗余数据，并且计算速度降低。一般情况下保持栅格单元大小与分析数据一致，默认的输出像元大小由最粗糙的输入栅格数据集决定。

设置步骤如下：

①在【环境设置】对话框中单击【栅格分析】标签，如图 4-35 所示。

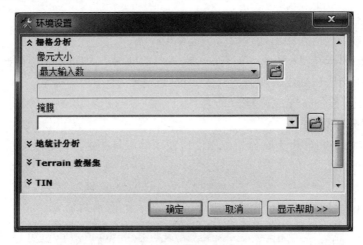

图 4-35　像元大小设置

②在【像元大小】下拉框中有四个选项：输入最大值、输入最小值、如下面的指定和与图层相同。
- 输入最大值指使用所有输入数据集的最大像元大小。这是默认设置。
- 输入最小值指使用所有输入数据集的最小像元大小。
- 如下面的指定指在以下字段中指定数值。
- 与图层相同指使用指定图层或栅格数据集的像元大小。

③单击【确定】按钮，完成设置。

4.2.3 表面分析

表面分析主要通过生成新数据集，诸如等值线、坡度、坡向、山体阴影等派生数据，获得更多的反映原始数据集中所暗含的空间特征、空间格局等信息。在 ArcGIS 中，表面分析的主要功能见表 4-1。

表 4-1　表面分析的主要功能

工具	功能
坡向	获得栅格表面的坡向。坡向用于标识从每个像元到其相邻像元方向上值的变化率最大的下坡方向
坡度	判断栅格表面的各像元中的坡度（梯度或 z 值的最大变化率）
曲率	计算栅格表面的曲率，包括剖面曲率和平面曲率
等值线	根据栅格表面创建等值线（等值线图）的线要素类
等值线序列	根据栅格表面创建所选等值线值的要素类
含障碍的等值线	根据栅格表面创建等值线。如果包含障碍要素，则允许在障碍两侧独立生成等值线
填挖方	计算两表面间体积的变化。通常用于执行填挖操作
山体阴影	通过考虑照明源的角度和阴影，根据表面栅格创建晕渲地貌
视点分析	识别从各栅格表面位置进行观察时可见的观察点
视域	确定对一组观察点要素可见的栅格表面位置

4.2.3.1　坡向

坡向指地表面上一点的切平面的法线矢量在水平面的投影与过该点的正北方向的夹角。对于地面任何一点来说，坡向表征了该点高程值改变量的最大变化方向。在输出的坡向数据中，坡向值有如下规定：正北方向为 0 度，按顺时针方向计算，取值范围为 0°~360°。不具有下坡方向的平坦区域将赋值为 -1。

坡向提取的操作步骤如下：

①在 ArcToolbox 中，双击【Spatial Analyst 工具】→【表面分析】→【坡向】，打开【坡向】对话框，如图 4-36 所示。

图 4-36　【坡向】对话框

②在【坡向】对话框中，单击按钮，添加【输入栅格】数据（位于"…\prj04\表面分析\data"）。

③在【输出栅格】中，指定输出栅格的保存路径和名称。

④单击【确定】按钮，完成坡向提取操作，结果如图 4-37 所示。

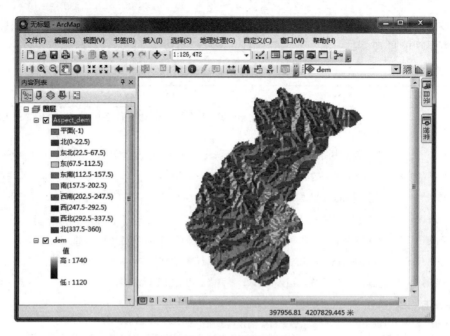

图 4-37 坡向提取结果图

4.2.3.2 坡度

坡度指地表面任一点的切平面与水平地面的夹角。坡度工具用于计算像元与其相邻像元之间的最大变化率。坡度表示了地表面在该点的倾斜程度，坡度值越小，地形越平坦；坡度值越大，地形越陡。

坡度提取的操作步骤如下：

①在 ArcToolbox 中，双击【Spatial Analyst 工具】→【表面分析】→【坡度】，打开【坡度】对话框，如图 4-38 所示。

图 4-38 【坡度】对话框

②在【坡度】对话框中，单击 按钮，添加【输入栅格】数据（位于"…\prj04\表面分析\data"）。

③在【输出栅格】中，指定输出栅格的保存路径和名称。

④【输出测量单位】为可选项，下拉框中有两个选项：DEGREE 和 PERCENT_ RISE。
- DEGREE 指坡度倾角将以度为单位进行计算。
- PERCENT_ RISE 指坡度以百分比形式表示，即高程增量与水平增量之比的百分数。

⑤在【Z 因子(可选)】文本框中输入 Z 因子，默认值为 1。

⑥单击【确定】按钮，完成坡度提取操作，结果如图 4-39 所示。

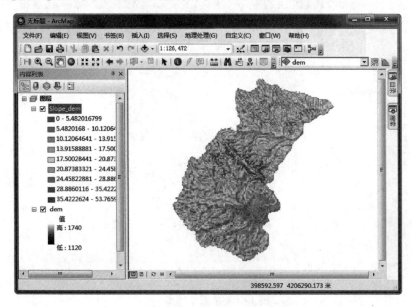

图 4-39　坡度提取结果图

4.2.3.3　曲率

地面曲率是对地形表面扭曲变化程度的定量化度量因子，地面曲率在垂直和水平两个方向上分量分别称为剖面曲率和平面曲率。剖面曲率是对地面坡度的沿最大坡降方向地面高程变化率的度量。平面曲率指在地形表面上，具体到任何一点，指过该点的水平面沿水平方向切地形表面所得的曲线在该点的曲率值。平面曲率描述的是地表曲面沿水平方向的弯曲、变化情况，也就是该点所在的地面等高线的弯曲程度。

曲率提取的操作步骤如下：

①在 ArcToolbox 中，双击【Spatial Analyst 工具】→【表面分析】→【曲率】，打开【曲率】对话框，如图 4-40 所示。

②在【曲率】对话框中，单击 按钮，添加【输入栅格】数据（位于"…\prj8\表面分析\data"）。

③在【输出曲率栅格】中，指定输出栅格的保存路径和名称。

图 4-40　【曲率】对话框

④在【Z因子(可选)】文本框中输入Z因子，默认值为1。
⑤【输出剖面曲率栅格】为可选项，指定保存路径和名称。
⑥【输出平面曲线栅格】为可选项，指定保存路径和名称。
⑦单击【确定】按钮，完成曲率提取操作，总曲率结果如图4-41所示，剖面曲率结果如图4-42所示，平面曲率结果如图4-43所示。

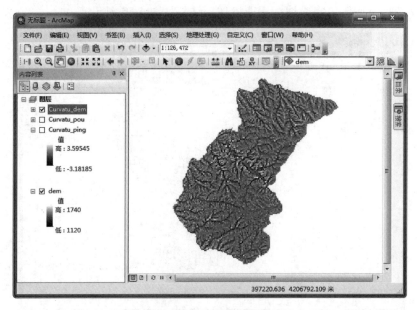

图4-41　总曲率结果图

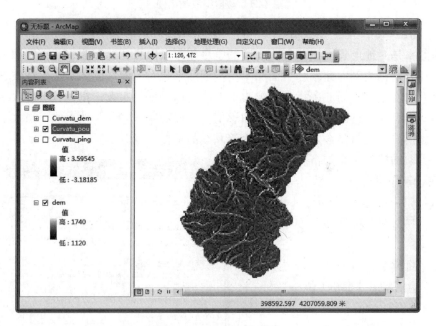

图4-42　剖面曲率结果图

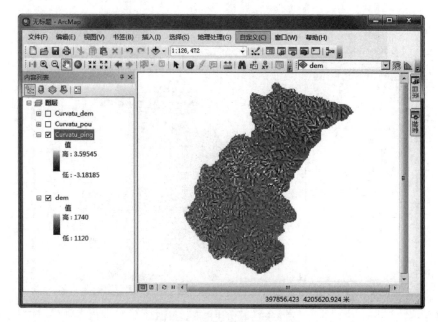

图 4-43 平面曲率结果图

4.2.3.4 等值线

等值线是连接等值点（如高程、温度、降雨量、人口或大气压力）的线。等值线的集合常被称为等值线图，但也可拥有特定的术语称谓，这取决于测量的对象。例如表示高程的称为等高线图，表示温度的称为等温线图而表示降雨量的称为等降雨量线图。等值线的分布显示表面上值的变化方式。值的变化量越小，线的间距就越大。值上升或下降得越快，线的间距就越小。

(1) 等值线提取

操作步骤如下：

①在 ArcToolbox 中，双击【Spatial Analyst 工具】→【表面分析】→【等值线】，打开【等值线】对话框，如图 4-44 所示。

②在【等值线】对话框中，单击 按钮，添加【输入栅格】数据（位于"…\prj04\表面分析\data"）。

③在【输出折线要素】中，指定输出折线要素的保存路径和名称。

④在【等值线间距】文本框中输入等值线的间距 50。

图 4-44 【等值线】对话框

⑤【起始等值线】为可选项，用于输入起始等值线的值。

⑥在【Z 因子(可选)】文本框中输入 Z 因子，默认值为 1。

⑦单击【确定】按钮，完成等值线提取操作，结果如图 4-45 所示。

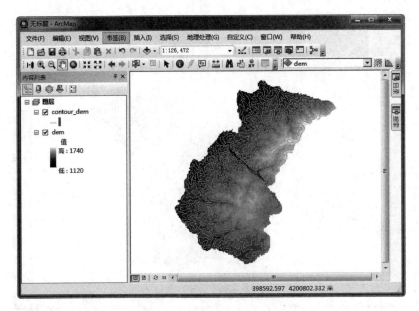

图 4-45 等值线提取结果图

(2)等值线序列提取

操作步骤如下：

①在 ArcToolbox 中，双击【Spatial Analyst 工具】→【表面分析】→【等值线序列】，打开【等值线序列】对话框，如图 4-46 所示。

②在【等值线序列】对话框中，单击按钮，添加【输入栅格】数据（位于"…\prj04\表面分析\data"）。

③在【输出折线（polyline）要素】中，指定输出折线要素的保存路径和名称。

④在【等值线值】文本框中输入等值线的值，输入值后，单击按钮，将其添加到列表中，可多次输入距离，如 1400，1450。

图 4-46 【等值线序列】对话框

⑤单击【确定】按钮，完成等值线序列提取操作，结果如图 4-47 所示。

4.2.3.5 填挖方

填挖操作是一个通过添加或移除表面材料来修改地表高程的过程。填挖方工具用于汇总填挖操作期间面积和体积的变化情况。通过在两个不同时段提取给定位置的表面，该工具可识别表面材料移除、表面材料添加以及表面尚未发生变化的区域。在实际应用中，借助填挖方工具，可以解决诸如识别河谷中出现泥沙侵蚀和沉淀物的区域，计算要移除的表面材料的体积和面积，以及为平整一块建筑用地所需填充的面积等问题。

填挖方分析的操作步骤如下：

①在 ArcToolbox 中，双击【Spatial Analyst 工具】→【表面分析】→【填挖方】，打开

项目 4　林业空间数据分析

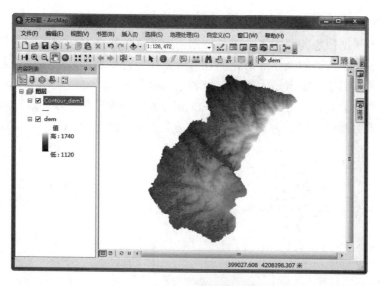

图 4-47　等值线序列提取结果图

【填挖方】对话框，如图 4-48 所示。

②在【填挖方】对话框中，单击 按钮，添加【输入填/挖之前的栅格表面】和【输入填/挖之后的栅格表面】数据（位于"…\prj04\表面分析\data"）。

③在【输出栅格】中，指定输出栅格的保存路径和名称。

④在【Z 因子（可选）】文本框中输入 Z 因子，默认值为 1。

⑤单击【确定】按钮，完成填挖方分析操作，结果如图 4-49 所示。

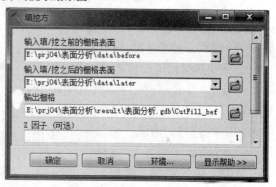

图 4-48　【填挖方】对话框

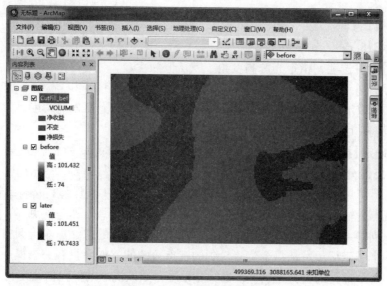

图 4-49　填挖方分析结果图

4.2.3.6 山体阴影

山体阴影是根据假想的照明光源对高程栅格图的每个栅格单元计算照明值。山体阴影图不仅很好地表达了地形的立体形态,而且可以方便的提取地形遮蔽信息。创建山体阴影地图时,所要考虑的主要因素是太阳方位角和太阳高度角。

太阳方位角以正北方向为0°,按顺时针方向度量,如90°方向为正东方向。由于人眼的视觉习惯,通常默认方位角为315°,即西北方向,如图4-50所示。

图4-50 太阳方位角示意

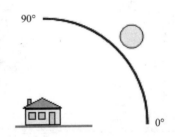

图4-51 太阳高度角示意

太阳高度角为光线与水平面之间的夹角,同样以度为单位。为符合人眼视觉习惯,通常默认为45°,如图4-51所示。

山体阴影分析的操作步骤如下:

①在ArcToolbox中,双击【Spatial Analyst工具】→【表面分析】→【山体阴影】,打开【山体阴影】对话框,如图4-52所示。

②在【山体阴影】对话框中,单击按钮,添加【输入栅格】数据(位于"...\prj04\表面分析\data")。

③在【输出栅格】中,指定输出栅格的保存路径和名称。

④【方位角】为可选项,指定光源方位角,默认值为315。

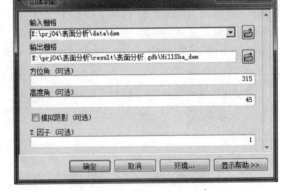

图4-52 【山体阴影】对话框

⑤【高度】为可选项,指定光源高度角,默认值为45。

⑥【模拟阴影】为可选项,如果选中该选项,则输出栅格会同时考虑本地光照入射角度和阴影。如果取消选中该选项,则输出栅格仅会考虑本地光照入射角度。

⑦在【Z因子(可选)】文本框中输入Z因子,默认值为1。

⑧单击【确定】按钮,完成山体阴影分析操作,结果如图4-53所示。

4.2.3.7 可见性分析

有两个工具可用于可见性分析,即视域和视点。它们均可用来生成输出视域栅格数据。另外,视点的输出会精确识别出从每个栅格表面位置看到的那些视点。

视域可识别输入栅格中能够从一个或多个观测位置看到的像元。输出栅格中的每个像元都会获得一个用于指示可从每个位置看到的视点数的值。如果只有一个视点,则会将可看到该视点的每个像元的值指定为1,将所有无法看到该视点的像元值指定为0。

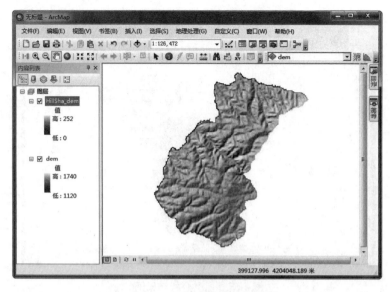

图 4-53　山体阴影分析结果图

视点工具会存储关于哪些观测点能够看到每个栅格像元的二进制编码信息，此信息存储在 VALUE 项中。例如，要显示只能通过视点 1（瞭望塔）看到的所有栅格区域，打开输出栅格属性表，然后选择视点 1（OBS1）等于 1 而其他所有视点等于 0 的行。只能通过视点 1（瞭望塔）看到的栅格区域将在地图上高亮显示。

（1）视点分析

操作步骤如下：

①在 ArcToolbox 中，双击【Spatial Analyst 工具】→【表面分析】→【视点分析】，打开【视点分析】对话框，如图 4-54 所示。

②在【视点分析】对话框中，单击 按钮，添加【输入栅格】和【输入观察点要素】数据（位于 "…\prj04\表面分析\data"）。

③在【输出栅格】中，指定输出栅格的保存路径和名称。

④在【Z 因子（可选）】文本框中输入 Z 因子，默认值为 1。

图 4-54　【视点分析】对话框

⑤【使用地球曲率校正】为可选项，如果选中该选项，则需要在【折射系数】文本框中输入空气中可见光的折射系数，默认值为 0.13。

⑥单击【确定】按钮，完成视点分析操作，结果如图 4-55 所示。绿色区域就是只能通过瞭望塔 1 才能看到的区域。

（2）视域分析

操作步骤如下：

①在 ArcToolbox 中，双击【Spatial Analyst 工具】→【表面分析】→【视域】，打开【视域】对话框，如图 4-56 所示。

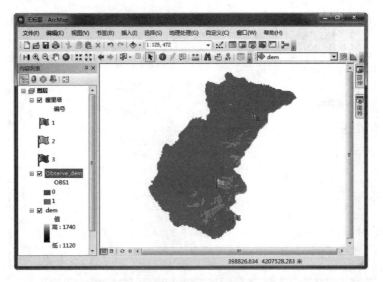

图 4-55　视点分析结果图

②在【视点分析】对话框中，单击 按钮，添加【输入栅格】和【输入观察点或观察折线要素】数据（位于"…\prj04\表面分析\data"）。

③在【输出栅格】中，指定输出栅格的保存路径和名称。

④在【Z 因子（可选）】文本框中输入 Z 因子，默认值为 1。

⑤选中【使用地球曲率校正】复选框，在【折射系数】文本框中输入默认值 0.13。

⑥单击【确定】按钮，完成视域分析操作，结果如图 4-57 所示。

图 4-56　【视域】对话框

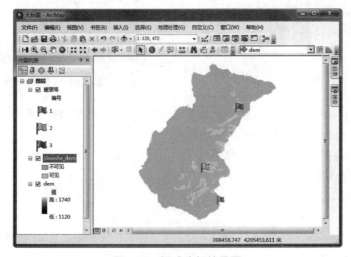

图 4-57　视域分析结果图

4.2.4 重分类

重分类即基于原有数值,对原有数值重新进行分类整理从而得到一组新值并输出。

根据不同的需要,重分类一般包括4种基本分类形式:新值替代(用一组新值取代原来值)、旧值合并(将原值重新组合分类)、重新分类(以一种分类体系对原始值进行分类),以及空值设置(把指定值设置空值或者为空值设置值)。

(1)新值替代

事物总是处于不断发展变化中的,地理现象更是如此。所以,为了反映事物的真实属性,需要不断地去用新值代替旧值。例如,某区域的土地利用类型将随着时间的推移而发生变化。

(2)旧值合并

经常在数据操作中需要简化栅格中的信息,将一些具有某种共性的事物合并为一类。例如,用户可能要将纯林、混交林、竹林、经济林合并为有林地。

(3)重新分类

在栅格数据的使用过程中,经常会因某种需要,要求对数据用新的等级体系分类,或需要将多个栅格数据用统一的等级体系重新归类。例如,在对洪水灾害进行预测时,需要综合分析降水量、地形、土壤、植被等数据。首先需要每个栅格数据的单元值对洪灾的影响大小,把它们分为统一的级别数,如统一分为10级,级别越高其对洪灾的影响度越大。经过分级处理后,就可以通过这些分类信息进行洪灾模拟的定量分析与计算。

(4)空值设置

有时需要从分析中移除某些特定值。例如,可能是因为某种土地利用类型存在限制(如湿地限制),从而使用户无法在该处从事建筑活动。在这种情况下,用户可能要将这些值更改为 NoData 以将其从后续的分析中移除。

在另外一些情况下,用户可能要将 NoData 值更改为某个值,例如,表示 NoData 值的新信息已成为已知值。

重分类的操作步骤如下:

①在 ArcToolbox 中,双击【Spatial Analyst 工具】→【重分类】→【重分类】,打开【重分类】对话框,如图4-58所示。

②在【重分类】对话框中,单击按钮,添加【输入栅格】数据(位于"…\prj04\重分类\data"),在【重分类字段】中选择需要变更的字段。

③在【输出栅格】中,指定输出栅格的保存路径和名称。

④单击【分类】按钮,打开【分类】对话框,如图4-59所示。在【方法】下拉框中选择一种分类方法,包括手动、相等间隔、定义的间隔、分位数、自然间断点分级法、

图 4-58 【重分类】对话框

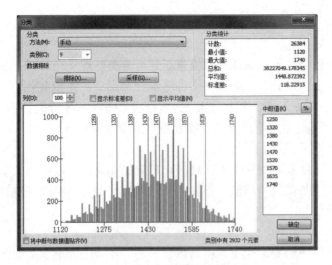

图 4-59 【分类】对话框

几何间隔、标准差,并设置相关参数,单击【确定】按钮,完成旧值的分类。

⑤在【新值】文本框中定位需要改变数值的位置,然后键入新值。可单击【加载】按钮导入已经制作好的重映射表,也可以单击【保存】按钮来保存当前重映射表。

⑥若要添加新条目,单击【添加条目】按钮,若要删除已存在的条目,则单击【删除条目】按钮。此外,还可以对新值取反,以及设置数值的精度等。

⑦【将缺失值更改为 NoData】为可选项,若选中则将缺失值改成无数据(NoData)。

⑧单击【确定】按钮,完成重分类操作,结果如图 4-60。

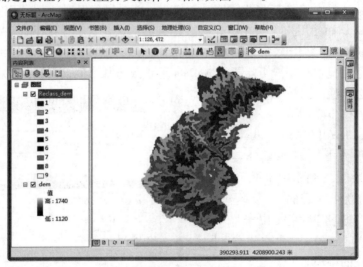

图 4-60 重分类结果图

4.2.5 栅格计算器

栅格计算是数据处理和分析最为常用的方法,也是建立复杂的应用数学模型的基本模块。ArcGIS 提供了非常友好的图形化栅格计算器。利用栅格计算器,不仅可以方便地完成基于数学运算符的栅格运算,以及基于数学函数的栅格运算,它还可以支持直接调用 ArcGIS 自带的栅格数据空间分析函数,并可方便地实现多条语句的同时输入和运行。同时,栅格计算器支持地图代数运算,栅格数据集可以直接和数字、运算符、函数等在一起混合计算,不需要做任何转换。

栅格计算器使用方法如下:

(1) 启动栅格计算器

①在 ArcToolbox 中,双击【Spatial Analyst 工具】→【地图代数】→【栅格计算器】,打开【栅格计算器】对话框,如图 4-61 所示。

②在【输出栅格】中,指定输出栅格的保存路径和名称。

③栅格计算器由四部分组成,左上部【图层和变量】选择框为当前 ArcMAP 视图中已加载的所有栅格数据层列表,双击任一个数据层名,该数据层名便可自动添加到下部的表达式窗口中;中上部是常用的算术运算符、0～10、小数点、关系运算符面板,单击所需按钮,按钮内容便可自动添加到表达式窗口中;右上部【条件分析】区域为常用的数学、三角函数和逻辑运算命令,同样双击任一个命令,内容便可自动添加到表达式窗口中。

(2) 编辑计算公式

①简单算术运算 如图 4-61 所示,在表达式窗口中先输入计算结果名称,再输入等号(所有符号两边需要加一个空格),然后在【图层和变量】选择框中双击要用来计算的图层,则选择的图层将会进入表达式窗口参与运算。数据层名尽量用()括起来,便于识别。

图 4-61 【栅格计算器】对话框

②数学函数运算 先单击函数按钮,然后在函数后面的括号内加入计算对象,如图 4-62 所示。应该注意三角函数以弧度为其默认计算单位。

③空间分析函数运算 栅格数据空间分析函数没有直接出现在栅格计算器面板中,需要手动输入。引用时,首先查阅有关文档,确定函数全名、参数、引用的语法规则;然后在栅格计算器输入函数全名,并输入一对小括号,再在小括号中输入计算对象和相关参数,如图 4-63 所示。

④多语句的编辑 ArcGIS 栅格计算器多表达式同时输入,并且先输入的表达式运算结果可以直接被后续语句引用,如图 4-64 所示。一个表达式必须在一行内输入完成,中

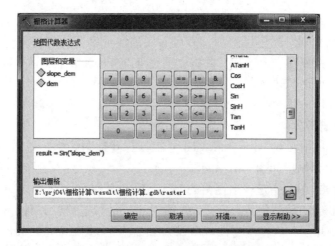

图 4-62　栅格计算器的数学函数运算

图 4-63　栅格计算器的空间分析函数运算

图 4-64　栅格计算器的多语句编辑

间不能换行。此外，如果后输入的函数需要引用前面表达式计算结果，前面表达式必须是一个完整的数学表达式。此外，引用先前表达式的输出对象时，直接引用输出对象名称，对象名称不需要用中括号括起来。

（3）获得运算结果

检查输入的表达式准确无误后，单击【确定】按钮，执行运算，计算结果将会自动加载到当前 ArcMap 视图窗口中。

4.2.6 邻域分析

邻域分析是以待计算栅格的单元值为中心，向其周围扩展一定范围，基于这些扩展栅格数据进行函数运算，并将结果输出到相应的单元位置的过程。ArcGIS 中存在两种基本的邻域运算：一种针对重叠的处理位置邻域；另一种针对不重叠邻域。焦点统计工具处理具有重叠邻域的输入数据集。块统计工具处理非重叠邻域的数据。

邻域分析过程中，ArcGIS 中提供了以下几种邻域分析窗口类型，分别如下：

①矩形　矩形邻域的宽度和高度单位可采用像元单位或地图单位。默认大小为 3×3 像元的邻域。

②圆形　圆形大小取决于指定的半径。半径用像元单位或地图单位标识，以垂直于 x 轴或 y 轴的方式进行测量。在处理邻域时，将包括圆形中的所有像元中心。

③环　在处理邻域时，将包括落在外圆半径范围内但位于内圆半径之外的所有像元中心。半径用像元单位或地图单位标识，以垂直于 x 轴或 y 轴的方式进行测量。

④楔形　在处理邻域时，将包括落在楔形内的像元。通过指定半径和角度可创建楔形。半径以像元单位或地图单位指定，从处理像元中心开始，且以垂直于 x 轴或 y 轴的方式测量。楔形的起始角度可以是从 0°~360° 的整型值或浮点型值。楔形角度的取值范围是以 x 正半轴上的 0 点为起始点，按逆时针增长方向旋转一周，直到返回至 0 点。楔形的终止角度可以是从 0°~360° 的整型值或浮点型值。使用以起始值和结束值定义的角度来创建楔形。

此外，还有不规则邻域和权重邻域两种情况，由于用得比较少，这里不做介绍。

下面以焦点统计分析为例介绍邻域分析的应用。

（1）焦点统计原理

焦点统计工具可执行用于计算输出栅格数据的邻域运算，各输出像元的值是其周围指定邻域内所有输入像元值的函数。对输入数据执行的函数可得出统计数据，例如，最大值、平均值或者邻域内遇到的所有值的总和。以图 4-65 中值为 5 的处理像元可演示出焦点统计的邻域处理过程。指定一个 3×3 的矩形像元邻域形状。邻域像元值的总和（3+2+3+4+2+1+4=19）与处理像元的值（5）相加等于 24（19+5=24）。因此，将在输出栅格中与输入栅格中该处理像元位置相同的位置指定值 24。

（2）焦点统计分析操作步骤

①在 ArcToolbox 中，双击【Spatial Analyst 工具】→【邻域分析】→【焦点统计】，打开【焦点统计】对话框，如图 4-66 所示。

②在【焦点统计】对话框中，单击按钮，添加【输入栅格】数据（位于"…\prj04\表面分析\data"）。

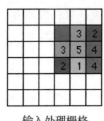 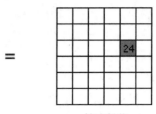

输入处理栅格　　　　　　输出栅格

图 4-65　焦点统计原理图

图 4-66　【焦点统计】对话框

③在【输出栅格】中，指定输出栅格的保存路径和名称。

④在【邻域分析（可选）】下拉框中选择邻域类型，这里选择"矩形"。

⑤在【邻域设置】选项中选择邻域分析窗口的单位，可以是栅格像元或地图单位。

⑥【统计类型】为可选项，下拉框中有以下选项：Mean、Majority、Maximum、Median、Minimum、Minority、Range、STD、Sum 和 Variety。

• Mean 邻域单元值的平均数。

• Majority 邻域单元值中出现频率最高的数值。

• Maximum 邻域内出现的最大数值。

• Median 邻域单元值中的中央值。

• Minimum 邻域内出现的最小数值。

• Minority 邻域单元值中出现频率最低的数值。

• Range 邻域单元值的取值范围。

• STD 邻域单元值的标准差。

• Sum 邻域单元值的总和。本例选此项。

• Variety 邻域单元值中不同数值的个数。

⑦【在计算中忽略 NoData】为可选项，若选中则将忽略 NoData 的计算。

⑧单击【确定】按钮，完成焦点统计分析操作，结果如图 4-67 所示。

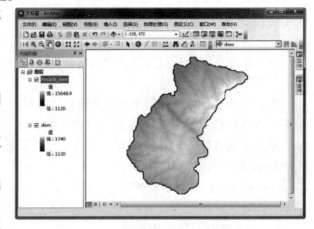

图 4-67　焦点统计分析结果图

任务实施 山顶点的提取

一、目的与要求

通过等高线、山顶点的提取和配置、引导学生熟练掌握利用 ArcGIS 栅格数据空间分析中等高线的提取、栅格数据邻域分析和栅格计算功能，解决实际问题。

二、数据准备

某研究地区 1∶10000DEM 数据。

三、操作步骤

第 1 步　加载 Spatial Analyst 模块和 DEM 数据

①运行 ArcMap，单击【自定义】菜单下的【扩展模块】命令，在打开的窗口中选择 Spatial Analyst，单击【关闭】按钮。

②单击 ✜ 按钮，添加数据（位于"…\prj04\任务实施 4-2\data"）。

第 2 步　设置工作路径

单击【地理处理】→【环境】，在弹出的【环境设置】对话框中的【工作空间】区域，【当前工作空间】和【临时工作空间】都设置为"…\prj04\任务实施 4-2\result"。

第 3 步　提取等高距为 15m 和 75m 的等高线图

①双击【Spatial Analyst 工具】→【表面分析】→【等值线】，打开【等值线】对话框，如图 4-68 所示。

图 4-68　【等值线】对话框

②按图 4-68 设置对话框参数，单击【确定】按钮，生成等高距为 15m 的等高线图。

③重复以上操作，修改【等值线间距】为 75m，生成等高距为 75m 的等高线图。

④单击 contour_dem15 数据层的图例，选择显示颜色为灰度 60%。

⑤单击 contour_dem75 数据层的图例，选择显示颜色为灰度 80%。结果如图 4-69 所示。

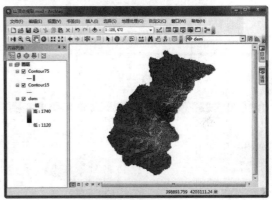

图 4-69　等高线图

第 4 步　提取山体阴影图

①双击【Spatial Analyst 工具】→【表面分析】→【山体阴影】，打开【山体阴影】对话框，如图 4-70 所示。

图 4-70　【山体阴影】对话框

②按图 4-70 设置对话框参数，单击【确定】按钮，生成该地区光照晕渲图，作为等高线三维背景。结果如图 4-71 所示。

第 5 步　提取有效数据区域

①双击【Spatial Analyst 工具】→【地图代数】→【栅格计算器】，打开【栅格计算器】对话框，如

图4-72所示。

②按图4-72设置对话框参数,单击【确定】按钮,提取有效数据区域,作为等高线三维背景掩膜。

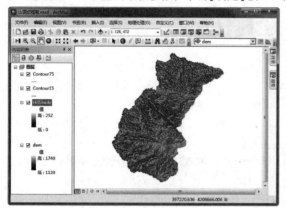

图4-71 山体阴影图

图4-72 【栅格计算器】对话框

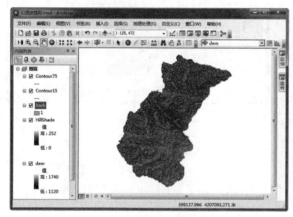

图4-73 三维立体等高线图

图4-74 【焦点统计】对话框

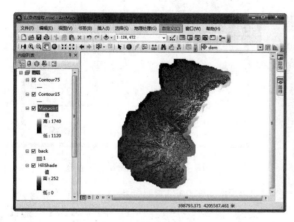

图4-75 焦点统计分析图

图4-76 【栅格计算器】对话框

③双击back数据层,在弹出的【图层属性】对话框的【显示】属性页设置透明度为60%,在【符号系统】属性框中设置其显示颜色为Gray50%,结果如图4-73所示。

第 6 步　邻域分析

①双击【Spatial Analyst 工具】→【邻域分析】→【🔨焦点统计】，打开【焦点统计】对话框，如图 4-74 所示。

②按图 4-74 设置对话框参数，单击【确定】按钮，焦点统计分析结果如图 4-75 所示。

第 7 步　提取山顶点区域

①双击【Spatial Analyst 工具】→【地图代数】→【🔨栅格计算器】，打开【栅格计算器】对话框，如图 4-76 所示。

②按图 4-76 设置对话框参数，单击【确定】按钮，提取山顶点区域结果如图 4-77 所示。

第 8 步　重分类 sd 数据

①双击【Spatial Analyst 工具】→【重分类】→【🔨重分类】，打开【重分类】对话框，如图 4-78 所示。

②按图 4-78 设置对话框参数，单击【确定】按钮，sd 数据重分类结果如图 4-79 所示。

第 9 步　数据转换

①双击【转换工具】→【由栅格转出】→【🔨栅格转点】，打开【栅格转点】对话框，如图 4-80 所示。

②按图 4-80 设置对话框参数，单击【确定】按钮，结果如图 4-81 所示。

四、成果提交

做出书面报告，包括任务实施过程和结果以及心得体会，具体内容如下：

1. 简述山顶点提取的任务实施过程，并附上每一步的结果影像。

2. 回顾任务实施过程中的心得体会，遇到的问题及解决方法。

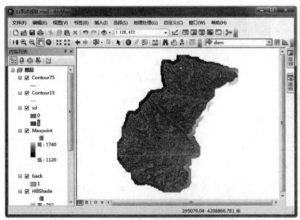

图 4-77　山顶点区域提取图

图 4-78　【重分类】对话框

图 4-79　重分类结果图

图 4-80　【栅格转点】对话框

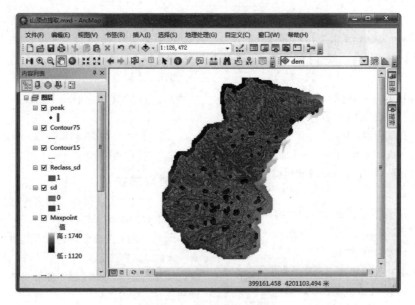

图 4-81　山顶点提取结果图

任务3　ArcScene 三维可视化

☞ **任务描述**　ArcScene 是 ArcGIS 三维分析模块 3D Analyst 所提供的一个三维场景工具，它可以更加高效地管理三维 GIS 数据、进行二维数据的三维显示以及制作和管理三维动画。本任务将从这些方面入手，学习 ArcScene 三维可视化。

☞ **任务目标**　经过学习和训练，使学生能够熟练运用 ArcScene 软件将二维数据进行三维显示，并掌握三维动画的制作方法。

知识链接

在三维场景中浏览数据更加直观和真实，对于同样的数据，三维可视化将使数据能够提供一些平面图上无法直接获得的信息。可以很直观地对区域地形起伏的形态及沟、谷、鞍部等基本地形形态进行判读，比二维图形如等高线图更容易被大部分读图者所接受。

4.3.1　ArcScene 的工具条

除了【标准】工具条外，ArcScene 中常用的工具条还有【3D Analyst】工具条、【基础工具】工具条和【动画】工具条等。【标准】工具条和【3D Analyst】工具条在前面的内容已经做过介绍，这里就不再赘述。

4.3.1.1　【基础工具】工具条

【基础工具】工具条中共有 17 个工具，包含了对三维地图数据进行导航、查询、测量等操作的主要工具，各按钮对应的功能见表 4-2。

表 4-2　【基础工具】工具条功能

图标	名称	功能
	导航	导航 3D 视图
	飞行	在场景中飞行
	目标处居中	将目标位置居中显示
	缩放至目标	缩放到目标处视图
	设置观察点	在指定位置上设置观察点
	放大	放大视图
	缩小	缩小视图
	平移	平移视图

（续）

图标	名称	功能
	全图	视图以全图显示
	选择要素	选择场景中的要素
	清除所选要素	清除对所选要素的选择
	选择图形	选择、调整以及移动地图上的文本、图形和其他对象
	识别	查询属性
	HTML 弹出窗口	触发要素中的 HTML 弹出窗口
	查找要素	在地图中查找要素
	测量	几何测量
	时间滑块	打开时间滑块窗口以便处理时间感知型图层和表

4.3.1.2 【动画】工具条

【动画】工具条中共有 12 个工具，包含了创建动画要用到的主要工具，各按钮对应的功能见表 4-3。

表 4-3 【动画】工具条功能

图标	名称	功能
动画(A)▼	动画	显示一个包含所有其他动画工具的菜单
	清除动画	从文档中移除所有动画轨迹
	创建关键帧	为新轨迹或现有轨迹创建关键帧
	创建组动画	创建用于生成分组图层属性动画的轨迹
	创建时间动画	创建用于生成时间地图动画的轨迹
	根据路径创建飞行动画	通过定义照相机或视图的行进路径来创建轨迹
	沿路径移动图层	根据 ArcScene 中的路径创建图层轨迹
	加载动画文件	将现有动画文件加载到文档
	保存动画文件	保存动画文件
	导出动画	将动画文件导出为视频或连续图像
	动画管理器	编辑和微调动画、修改关键帧属性和轨迹属性以及在预览更改效果时编辑关键帧和轨迹的时间
	捕获视图	通过捕获视图创建一个动画
	打开动画控制器	打开【动画控制器】对话框

基本操作

4.3.2 要素的三维显示

在三维场景中显示要素的先决条件是要素必须以某种方式赋予高程值或其本身具有高程信息。因此，要素的三维显示主要有两种方式：一种是具有三维几何的要素，在其属性中存储有高程值，可以直接使用其要素几何中或属性中的高程值，实现三维显示；另外一种是缺少高程值的要素，可以通过叠加或突出两种方式在三维场景中显示。所谓叠加，即将要素所在区域的表面模型的值作为要素的高程值，如将所在区域栅格表面的值作为一幅遥感影像的高程值，可以对其做立体显示；突出则是指根据要素的某个属性或任意值突出要素，如要想在三维场景中显示建筑物要素，可以使用其高度或楼层数这样的属性来将其突出显示。

ArcGIS 的三维分析功能在要素属性对话框中提供了要素图层在三维场景中的 3 种显示方式：①使用属性设置图层的基准高程；②在表面上叠加要素图层设置基准高程；③突出要素。还可以结合多种显示方式，如先使用表面设置基准高程，然后在表面上再突出显示要素。

4.3.2.1 通过属性进行三维显示

操作步骤如下：

①启动 ArcScene，单击 ➕ 按钮，加载等高线数据（位于"… \ prj04 \ 三维可视化 \ data"）。

②双击等高线图层，打开【图层属性】对话框，如图 4-82 所示。

③在【图层属性】对话框中，单击【基本高度】标签，切换到【基本高度】选项卡，在【从要素获取的高程】区域中选择【使用常量值或表达式】单选按钮，单击 按钮，弹出【表达式构建器】对话框；双击字段里的"gaocheng"输入到表达式中，单击【确定】按钮。关闭【表达式构建器】对话框。

图 4-82　设置要素图层的基准高程

④单击【确定】按钮，完成操作，结果如图 4-83 所示。

4.3.2.2 通过表面进行三维显示

操作步骤如下：

①启动 ArcScene，单击 ➕ 按钮，加载小班和 dem 数据（位于"… \ prj04 \ 三维可视化 \ data"）。

②双击小班图层，打开【图层属性】对话框，如图 4-84 所示。

③在【图层属性】对话框中，单击【基本高度】标签，切换到【基本高度】选项卡，在

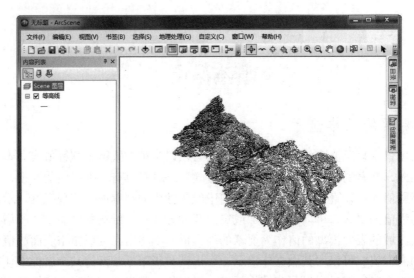

图 4-83　等高线要素的三维显示

【从表面获取的高程】区域中选择【在自定义表面上浮动】单选按钮,在下拉框中选择"dem",其他参数保持默认值。

④单击【确定】按钮,完成操作,结果如图 4-85 所示。

4.3.2.3　要素的突出显示

①启动 ArcScene,单击 ➕ 按钮,加载货场数据(位于"…\prj04\三维可视化\data")。

②双击货场图层,打开【图层属性】对话框,如图 4-86 所示。

③在【图层属性】对话框中,单击【拉伸】标签,切换到【拉伸】选项卡,选中【拉伸图层中的要素……】复选框,单击 按钮,弹出【表

图 4-84　使用表面设置要素基准高程

达式构建器】对话框;双击字段里的"高度"输入到表达式中,单击【确定】按钮。关闭【表达式构建器】对话框。

④在【拉伸方式】下选择"将其添加到各要素的基本高度"。

⑤单击【确定】按钮,完成操作,结果如图 4-87 所示。

4.3.3　设置场景属性

在实现要素或表面的三维可视化时,为了达到更好的显示效果,还需要对场景属性进行一些设置,所有操作在 4.3.2.2 的基础上进行。

(1)垂直夸大

为了更好地表示地表高低起伏的形态,有时需要进行垂直拉伸,以免地形显示的过于陡峭或平坦。

①在 ArcScene 窗口中,单击【视图】→【🗔场景属性】命令,打开【场景属性】对话框,

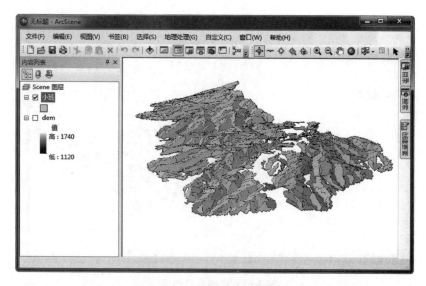

图 4-85 小班要素的三维显示

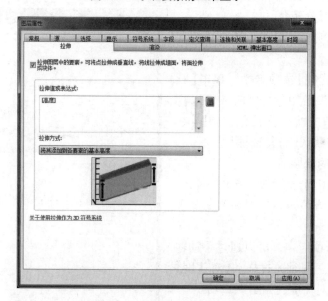

图 4-86 设置对要素进行突出显示

如图 4-88 所示。

② 在【常规】选项卡中,单击【垂直夸大】下拉框选择垂直夸大系数,或者点击【基于范围进行计算】按钮,系统将根据场景范围与高程变化范围自动计算垂直拉伸系数。

图 4-89 为原始表面与设置垂直夸大系数为 2 时的显示效果的对比。

(2) 使用动画旋转

为全面地了解区域地形地貌特征,可以进行动画旋转。

在【常规】选项卡中,选中【启用动画旋转】复选框,即可激活动画旋转功能,激活之后,可以使用场景漫游工具 将场景左右拖动之后,即可开始进行旋转,旋转的速度决定于鼠标释放前的速度,在旋转的过程中也可以通过键盘的 Page Up 键和 Page Down 键进行调节速度。点击场景即可停止其转动。

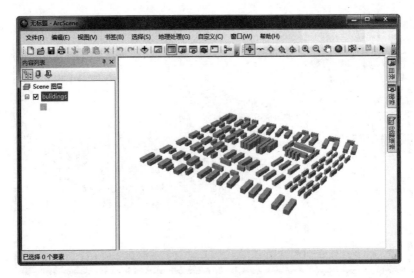

图 4-87　突出显示结果

(3) 设置场景背景颜色

为增加场景真实感，需要设置合适的背景颜色。

同样地，在【常规】选项卡中，单击【背景色】下拉框选择背景颜色，同时还可以将所选颜色设置为场景默认背景色（选中【在所有新文档中用作默认值】复选框）。

(4) 设置场景的光照

根据不同分析需求，设置不同的场景光照条件，包括入射方位角，入射高度角及表面阴影对比度。

在【照明度】选项卡中，可以通过手动输入方位角和高度角。同时通过拖动【对比度】区域的滑动条设置对比度，如图 4-90 所示。

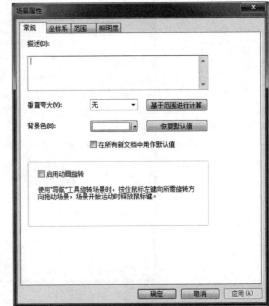

图 4-88　【Scene 属性】对话框

4.3.4　三维动画

通过使用动画，可以使场景栩栩如生，能够通过视角、场景属性、地理位置以及时间的变化来观察对象。

4.3.4.1　创建动画

动画是由一条或多条轨迹组成，轨迹控制着对象属性的动态改变，例如，场景背景颜色的变化，图层视觉的变化或者观察点的位置的变化。轨迹是由一系列帧组成，而每一帧是某一特定时间的对象属性的快照，是动画中最基本的元素。在 ArcScene 中可以通过以下几种方法生成三维动画：

(1) 通过创建一系列关键帧组成轨迹创建动画

在【动画】工具条中提供了创建关键帧的工具。可以通过改变场景的属性（例如场景的

图 4-89 原始表面与垂直夸大后的表面

背景颜色、光照角度等)、图层的属性(图层的透明度、比例尺等)以及观察点的位置来创建不同的帧。然后用创建的一组帧组成轨迹演示动画。动画功能会自动平滑两帧之间的过程。例如,可以改变场景的背景颜色由白变黑,同时改变场景中光照的角度来制作一个场景由白天到黑夜的动画。

操作步骤如下:

①启动 ArcScene,打开 exercise1.sxd 文档(位于"... \ prj04 \ 三维可视化 \ data")。

②在工具栏上右击鼠标,在弹出菜单中选择【动画】,加载【动画】工具条。

③在【动画】工具条上,单击【动画】下拉菜单,选择【创建关键帧】命令,打开【创建动画关键帧】对话框,如图 4-91 所示。

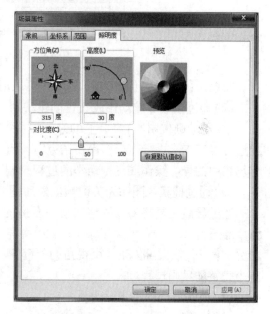

图 4-90 设置场景的光照

图 4-91 【创建动画关键帧】对话框

④在【类型】下拉框中选择"场景",单击【新建】按钮,创建新轨迹。

⑤单击【创建】按钮,创建一个新的帧。

⑥改变场景属性之后,再次单击【创建】按钮,创建第二帧,根据需要抓取全部所需的帧。

⑦抓取完全部的帧之后,单击【关闭】按钮,关闭【创建动画关键帧】对话框。

⑧单击动画控制器按钮▶,打开【动画控制器】窗口,如图4-92所示,单击播放按钮▶,播放动画。

图4-92 【动画控制器】窗口

⑨单击【动画】→【清除动画】,可以清除创建的动画。

(2)通过录制导航动作或飞行创建动画

单击【动画控制器】窗口上的录制按钮●开始录制,在场景中通过导航工具进行操作或通过飞行工具进行飞行,操作结束后,点击录制按钮停止录制。这个工具类似录像器,将场景中的导航操作或飞行动作的过程录制下来形成动画。

(3)通过捕获视图作为关键帧创建动画

通过导航工具将场景调整到某一合适的视角,单击【动画】工具条上的捕获视图按钮,创建显示该视角的关键帧1,然后将场景调整到另一个合适的视角,创建显示该视角的关键帧2,依次可创建多个视角的关键帧。动画功能会自动平滑两视角间的过程,形成一个完整的动画过程。

(4)根据路径创建飞行动画

操作步骤如下:

①启动ArcScene,打开exercise2.sxd文档(位于"…\prj04\三维可视化\data")。

②右击Flight Path图层,在弹出菜单中单击【选择】→【全部】,将Flight Path图层的所有要素全部选中。

③在【动画】工具条上单击【动画】→【根据路径创建飞行动画】,打开【根据路径创建飞行动画】对话框,如图4-93所示。

④在【垂直偏移】文本框中输入"200"。

⑤在【路径目标】区域,单击【保持当前目标路径移动观察点】单选按钮。

⑥点击【导入】按钮,关闭【根据路径创建飞行动画】对话框。

⑦单击【动画控制器】窗口上的播放按钮▶,播放动画。

图4-93 【根据路径创建飞行动画】对话框

⑧单击【动画控制器】窗口上的【选项】按钮，在【按持续时间】文本框中输入"50"，单击【动画控制器】窗口上的播放按钮▶，对比两次播放的区别。

4.3.4.2 管理动画

动画的帧或轨迹创建完成之后，可以用动画管理器编辑和管理组成动画的帧和轨迹。另外，通过它也能改变帧的时间属性，并可预览动画播放效果。

操作步骤如下：

①在【动画】工具条上单击【动画】→【🎬动画管理器】，打开【动画管理器】对话框，如图4-94所示。

②在【动画管理器】对话框中，对各种参数进行管理。

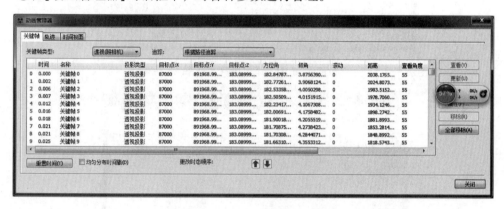

图 4-94 【动画管理器】对话框

4.3.4.3 保存动画

在 ArcScene 中制作的动画可以存储在当前的场景文档中，即保存在 SXD 文档中；也能存储成独立的 ArcScene 动画文件（*.asa）用来与其他的场景文档共享；同时也能将动画导出成一个 AVI 文件，被第三方的软件调用。

（1）将动画存储为独立的 ArcScene 动画文件

操作步骤如下：

①在【动画】工具条上单击【动画】→【💾保存动画文件】，打开【保存动画】对话框，如图 4-95 所示。

②在【保存动画】对话框中指定存储路径及文件名。

③单击【保存】按钮，完成动画的保存。

（2）将动画导出为 AVI 文件

操作步骤如下：

①在【动画】工具条上单击【动画】→【🎞导出动画】，打开【导出动画】对话框，如图 4-96 所示。

②在【导出动画】对话框中指定存储路径及文件名。

③单击【导出】按钮，完成动画的导出。

图 4-95 【保存动画】对话框

图 4-96 【导出动画】对话框

任务实施 Dem 与遥感影像制作三维动画

一、目的与要求

通过 Dem 与遥感影像的叠加，引导学生熟练掌握应用 Arcscene 三维显示功能，快速逼真的模拟出三维地形的二维图像，并按照一定比例尺和飞行路线生成研究区域的虚拟三维影像动画。

二、数据准备

某研究地区 1:10000DEM 数据、spot 2.5 米影像数据、小班数据。

三、操作步骤

第 1 步 加载数据

启动 Arcscene，添加数据（位于"…\ prj04 \ 任务实施 4-3 \ data"），结果如图 4-97 所示。

第 2 步 设置图层的显示顺序

①双击小班图层，打开【图层属性】对话框，

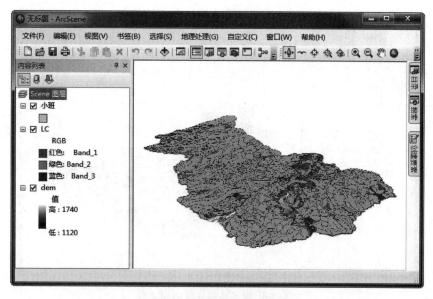

图 4-97　数据显示效果

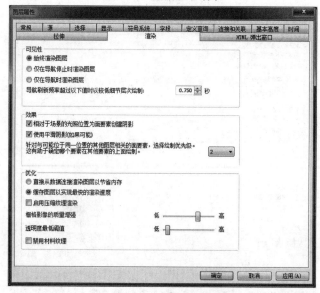

图 4-98　设置图层显示顺序

单击【渲染】标签，切换到【渲染】选项卡，如图 4-98 所示。

②按图 4-98 设置对话框参数，单击【确定】按钮，完成图层显示顺序设置操作，结果如图 4-99 所示。

第 3 步　遥感影像数据三维显示

①双击 lc 图层，打开【图层属性】对话框，单击【基本高程】标签，切换到【基本高程】选项卡，如图 4-100 所示。

②按图 4-100 设置对话框参数，单击【确定】按钮，完成影像的三维显示，结果如图 4-101 所示。

第 4 步　矢量数据三维显示

①双击小班图层，打开【图层属性】对话框，单击【基本高程】标签，切换到【基本高程】选项卡，如图 4-102 所示。

②按图 4-102 设置对话框参数，设置小班图层的基本高程。

图 4-99　图层显示顺序调整效果

图 4-100　设置影像基本高程

③单击【符号系统】标签，切换到【符号系统】选项卡，如图 4-103 所示。

④按图 4-103 设置对话框参数，设置小班图层的符号系统。

⑤单击【确定】按钮，完成小班图层的三维显示，结果如图 4-104 所示。

第 5 步　设置场景属性

①双击 Scene 图层，打开【场景属性】对话框，如图 4-105 所示。

②按图 4-105 设置对话框参数，单击【确定】按钮，完成场景属性设置，结果如图 4-106 所示。

第 6 步　添加 3D 文本（村庄）

①在工具栏上点击鼠标右键，在弹出菜单中选择【3D 图形】，打开【3D 图形】工具条，如图 4-107 所示。

②在【3D 图形】工具条上，单击【A】3D 文本按钮，在指定位置添加 3D 文本，并设置字体、颜色和大小等参数，结果如图 4-108 所示。

图 4-101　影像的三维显示

图 4-102　设置矢量数据基本高程

图 4-103 矢量数据的符号设置

图 4-104 矢量数据三维显示

图 4-105 设置场景属性

第 7 步 录制动画

单击【动画控制器】窗口上的录制按钮●开始录制，在场景中通过导航工具进行操作，操作结束后，点击录制按钮停止录制。

第 8 步 保存动画

按照 4.3.4.3 保存动画的操作步骤，保存本次三维动画，结果保存在"…\prj04\任务实施 4-3 \result"文件夹内。

四、成果提交

做出书面报告，包括任务实施过程和结果以及心得体会，具体内容如下：

1. 简述 Dem 与遥感影像制作三维动画的任务实施过程，并附上每一步的结果影像。

2. 回顾任务实施过程中的心得体会，遇到的问题及解决方法。

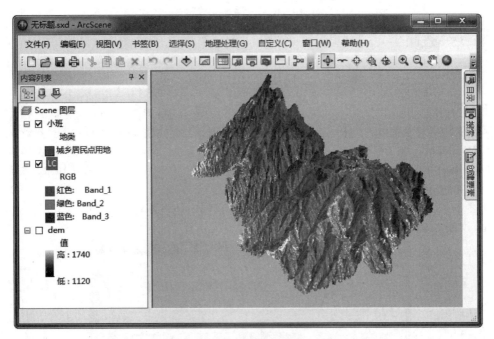

图 4-106　场景属性设置显示效果

图 4-107　【3D 图形】工具条

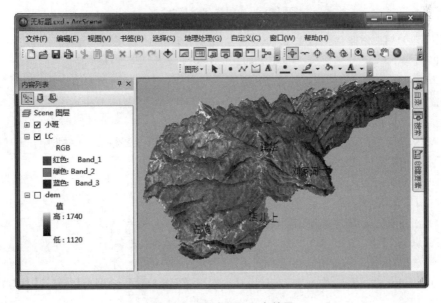

图 4-108　添加 3D 文本效果

拓展知识

如何生成 DEM 数据

数字高程模型（Digital Elevation Model，DEM）是一定范围内规则格网点的平面坐标（X，Y）及其高程（Z）的数据集，它主要是描述区域地貌形态的空间分布，是通过等高线或相似立体模型进行数据采集（包括采样和量测），然后进行数据内插而形成的。目前常用的算法是通过等高线和高程点建立不规则三角网（Triangular Irregular Network，TIN）。然后在 TIN 基础上通过线性和双线性内插建 DEM。下面我们就介绍利用等高线矢量数据生成 DEM 数据的方法，具体操作步骤如下：

①在 ArcToolbox 中，双击【3D Analyst 工具】→【数据管理】→【TIN】→【创建 TIN】，打开【创建 TIN】对话框，如图 4-109 所示。

图 4-109 【创建 TIN】对话框

②在【创建 TIN】对话框中，在【输出 TIN】中，指定输出 TIN 的保存路径和名称。

③在【坐标系】中，选择坐标系：Xian_ 1980_ 3_ Degree_ GK_ CM_ 114E。

④单击按钮，添加【输入要素类】数据（位于"…\ prj04\ 拓展知识\ data"）。

⑤设置【输入要素类】参数，【高度字段】：gaocheng；【SF Type】：Hard Line。

⑥单击【确定】按钮，完成 TIN 的创建，结果如图 4-110 所示。

⑦在 ArcToolbox 中，双击【3D Analyst 工具】→【转换】→【由 TIN 转出】→【TIN 转栅格】，打开【TIN 转栅格】对话框，如图 4-111 所示。

⑧在【TIN 转栅格】对话框中，单击按钮，添加【输入 TIN】数据（位于"…\ prj04\ 拓展知识\ result"）。

⑨在【输出栅格】中，指定输出栅格的保存路径和名称。

⑩在【采样距离】中，选择"CELLSIZE55. 773128"，其余参数保持默认。

⑪单击【确定】按钮，完成操作，结果如图 4-112 所示。

⑫在 ArcToolbox 中，双击【数据管理工具】→【栅格】→【栅格处理】→【裁剪】，打开【裁剪】对话框，如图 4-113 所示。

⑬在【裁剪】对话框中，单击按钮，添加【输入栅格】和【输出范围】数据（位于"…\ prj02\ 拓展知识\ data"）。

⑭选中【使用输入要素裁剪几何】和【保持裁剪范围】复选框。

图 4-110　登高线数据创建 TIN 数据结果

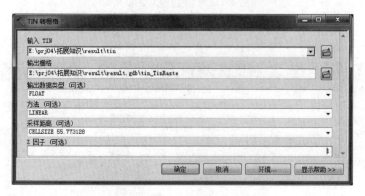

图 4-111　【TIN 转栅格】对话框

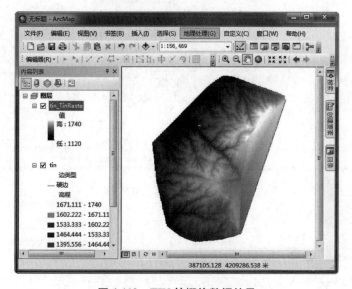

图 4-112　TIN 转栅格数据结果

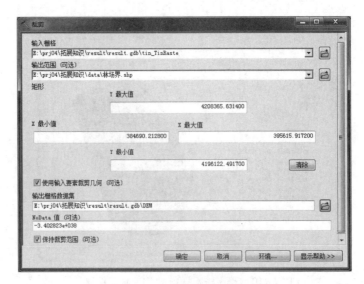

图 4-113 【裁剪】对话框

⑮在【输出栅格数据集】中，指定输出要素的保存路径和名称。

⑯单击【确定】按钮，完成栅格裁剪操作，结果如图 4-114 所示。

图 4-114 裁剪栅格数据结果

自主学习资源库

1. 开发者网络. http：//www.gisdn.com/GIS
2. GIS 大学论坛. http：//www.gisuniversity.net
3. 中国地理信息系统协会. http：//www.cagis.org.cn/

4. 北京大学遥感与 GIS 研究所. http：//www.irsgis.pku.edu.cn/
5. 地理信息系统情报站（IAGIS）. http：//www.aige.com.cn/lisq/
6. 中国科学院资源与环境信息系统国家重点实验室. http：//www.lreis.ac.cn/
7. 中国科学院地理科学与资源研究所. http：//www.igsnrr.ac.cn/index.jsp

参考文献

吴秀芹，张洪岩，李瑞改，等. 2007. ArcGIS9.0 地理信息系统应用与实践[M]. 北京：清华大学出版社.

赵军，刘勇. 2009. 地理信息系统 ArcGIS 实习教程[M]. 北京：气象出版社.

汤国安，杨昕，等. 2012. ArcGIS 地理信息系统空间分析实验教程[M]. 2 版. 北京：科学出版社.

牟乃夏，刘文宝，王海银，等. 2013. ArcGIS10.0 地理信息系统教程——从初学到精通[M]. 北京：测绘出版社.